煤矿动态安全预警与关联管理问题研究

杨 雪 仝凤鸣 王 菲 著

科学出版社

北 京

内 容 简 介

我国是全球最大的煤炭生产国与煤炭消费国。在环境保护政策收紧的压力下，虽然我国煤炭消耗量呈下降趋势，但依旧占据了能源消耗总量的60%以上。据预测，至"十三五"末期，煤炭能源占比虽将减至 55%，但仍居主导能源地位。因此，煤炭稳定生产与煤矿安全运营是事关人民群众生命财产安全，经济发展和社会稳定大局，对煤矿安全生产状况进行动态监测和预警，采取切实有效的管理措施防患于未然具有重要的理论和现实意义。本书基于管理学视角，综合运用事故致因理论、灰色系统理论、博弈理论、业务流程重组理论、机制设计理论等方法，深入探究煤矿事故预警与预控对策的相关问题，阐释预警管理的新模式，并为我国煤矿安全生产工作提出政策建议和保障措施。

本书可作为矿产开采相关工程设计人员与管理人员的参考书，也可供公共管理等相关专业的高年级本科生与研究生阅读。

图书在版编目（CIP）数据

煤矿动态安全预警与关联管理问题研究 / 杨雪，仝凤鸣，王菲著. —北京：科学出版社，2019.10

ISBN 978-7-03-059706-9

Ⅰ. ①煤⋯ Ⅱ. ①杨⋯ ②仝⋯ ③王⋯ Ⅲ. ①煤矿—矿山事故—事故分析 ②煤矿—矿山安全—安全管理—研究 Ⅳ. ①TD7

中国版本图书馆 CIP 数据核字（2019）第 263180 号

责任编辑：韩卫军 / 责任校对：彭　映
责任印制：罗　科 / 封面设计：墨创文化

科 学 出 版 社 出版
北京东黄城根北街 16 号
邮政编码：100717
http://www.sciencep.com

四川煤田地质制图印刷厂 印刷
科学出版社发行　各地新华书店经销
*
2019 年 10 月第　一　版　开本：787×1092　1/16
2019 年 10 月第一次印刷　印张：8 3/4
字数：210 000
定价：75.00 元
（如有印装质量问题，我社负责调换）

前　　言

　　煤矿事故的发生，究其本质是人类尚未与自然界和谐相处的结果，然而通过必要的管理和技术手段，人类可以降低事故发生的概率，最大限度地避免事故发生。我国煤矿行业目前正处于事故高发期，亟须研究科学、系统、完善、高效的煤矿事故预控技术手段和管理措施，在充分考虑我国煤矿生产特殊性的基础上开展事故致因的理论模型研究，并建立基于预警的煤矿安全管理新模式，成为当前煤矿行业安全管理迫切需要解决的问题。

　　尽管煤矿安全问题早已受到政府和企业管理层高度重视，但学界在这方面的研究更多地集中在经济技术层面，从管理层面做深入剖析的研究，特别是符合国情的创新性研究并不多见。对于煤矿事故风险控制方法，国外学者已经建立了相对较为成熟的理论框架，甚至部分研究成果已在我国煤矿生产实践过程中得到了很好的应用。但这些理论源自西方管理理念和制度框架，要完全适用于我国煤矿生产安全的实际和处于变革中的政策制度大环境，则还需加以修正和完善。

　　本书充分考虑到我国煤矿生产的特殊条件，围绕煤矿安全动态预警这一重大问题，深入探究影响煤矿安全的诱因及其内在关联机制。同时，基于管理维度讨论煤矿事故的成因，并提出相应的事故风险管理理论框架，在此基础上构建煤矿事故预警模型，以期解决好我国煤矿安全生产问题，形成符合国情的煤矿安全生产管理体系。为此，本书重点研究煤矿事故预警与预控对策方面的问题，进而提出预警管理的新模式，并为我国煤矿安全生产工作提出政策建议和保障措施。

　　本书是跨学科的综合性研究，着眼于管理理论的创新，侧重实践应用的开发，主要研究内容集中在以下九点。

　　（1）煤矿企业安全事故损失的评价。本书首先把事故损失划分为直接性经济损失和间接性经济损失，并对各自涵盖的损失范围进行细致的描述；接着详细介绍伤亡事故的统计指标和统计方法，展开对事故损失的统计分析；然后对事故直接性与间接性经济损失的计量方法以及事故非经济损失的估算方法进行总结和探讨，在此基础上，得出事故总损失的计算方法。

　　（2）煤矿事故致因机理研究。本书依据已有的代表性事故致因模型，将煤矿安全的影响因素划定为人员、设备、环境、管理和信息五个方面，特别是采用比较方式就危险性因素和其他因素之间的作用方式，以及各因素诱发煤矿事故的一般性演变规律开展深入研究，最后构建相应的煤矿事故致因模型和动态预警管理模型。

　　（3）煤矿事故影响因素灰色关联分析。本书以灰色系统理论为基础，通过灰色关联度分析设计关联矩阵，提出一个分析煤矿安全水平的灰色关联评估模型，以此作为煤矿事故预警模型的技术支撑。通过对各构成因素与煤矿安全水平的灰色关联度的计算，得出这些因素对煤矿安全水平影响的重要程度，进而为改进煤矿安全生产管理系统提供可靠的决策依据。

（4）煤矿企业安全风险预警评价研究。本书基于煤矿事故致因理论分析，从人员、设备、环境、管理和信息五个维度设计相应的指标体系，分别采用改进型灰色关联分析法及信息熵-模糊神经网络法实证研究煤矿安全风险问题。

（5）煤矿企业安全事故的博弈分析。本书应用博弈论理论对煤矿安全问题开展分析，首先建立包含煤矿企业和安监局的博弈模型。在此基础上，建立包含煤矿企业、安监局和地方政府的静态和动态博弈模型。

（6）基于预警的煤矿安全管理体系再造。区别于传统的科层制煤矿安全管理体制，本书提出的基于预警的煤矿安全管理体系是一套全面预防风险控制所有环节的流程化管理体系。围绕预警管理贯穿于煤矿企业生产运作全过程的思想，运用业务流程重组（BPR）相关理论，以煤矿企业的整体资源整合为重点，在危险辨识的基础上建立煤矿全面动态监测和风险控制的煤矿安全管理体系，为煤矿的安全生产提供科学、快速的监测诊断、预先干预、决策支持和保障机制。

（7）煤矿安全监察激励机制设计。本书将激励理论与委托代理理论中的激励研究相结合，作为监察激励机制设计的理论基础，同时使煤矿安全监察系统激励模型的组织战略目标、诱导因素和个人因素三大支柱彼此按照既定的路径联系成一体，并同约束性因素一起对激励对象产生影响，从而形成能够弥补当前煤矿生产系统管理缺陷的改进型激励机制设计模型。

（8）煤矿安全管理体制创新研究。本书提出"国家监察、行业管理、企业负责、第三方监督、全员管理"的创新性管理体制，即在继续推进国家监察、行业管理和企业负责的基础上，加强第三方监督制度设计及创新，强调全民参与的重要性。

（9）煤矿安全管理保障策略研究。本书从完善我国煤矿安全生产管理法律法规体系、加强煤炭行业员工队伍建设、提升煤矿技术装备水平、强化煤矿安全信息管理、加快煤矿救护队伍建设、完善煤矿安全经验交流平台六个方面提出煤矿安全管理保障策略。

本书是集体智慧的成果，全书编写具体分工如下：由杨雪负责设计研究方向并完成第 1 章和第 2 章编写，杨娟负责第 3 章和第 4 章撰写（3.5 万字），全凤鸣负责第 5～7 章撰写，王菲负责第 8～10 章撰写，卢亚丽负责第 11 章和第 12 章撰写，李松华、杨力、张瀚元参与书稿编写过程中的煤矿企业调研、访谈，以及文献整理、数据资料收集与分析验证、全书校对工作。

本书在撰写过程中，引用和借鉴了国内外著作、期刊及相关网站等大量资料，书后仅列出了主要参考文献，在此一并向原作者表示感谢。同时，感谢国家自然科学基金项目（批准号：71573086）、河南省水资源安全与清洁能源协同管理创新型科技团队项目、郑州工程技术学院引进高层次人才基金项目、华北水利水电大学博士研究生创新基金对本书的支持。

由于作者水平有限，书中疏漏之处在所难免，恳请广大读者批评指正。

目　录

第1章 绪 论

我国煤矿生产安全（以下简称煤矿安全）一直面临着事故频发的严峻形势，故长期以来始终受到各级政府及领导的高度重视，成为全社会广泛关注的焦点之一[①]。因此，探究煤矿事故发生的机理，明确事故发生的根源，进而采取相应的预防措施对于改善我国煤矿安全现状具有重大的理论价值和现实意义。

1.1 概 述

长期以来，煤炭作为我国能源消费的主要对象，有力地支撑了国民经济和社会发展，并一直以高达 65%以上的一次能源消费占比主导着我国的能源市场，预计到 2050 年仍将保持在 50%左右。而从生产供给情况来看，我国煤炭产量已从 2005 年的 21.9 亿吨增加到 2017 年的 34.45 亿吨。因此，通过强化煤矿安全管理形成稳定、高效、安全的煤矿产业发展格局是实现我国经济可持续发展的物质前提，它有利于我国能源战略的顺利实施，亦有利于实现全面建成小康社会奋斗目标以及加快推进社会主义现代化进程。为此，煤矿生产的相关主体必须强化煤矿安全管理，努力保持稳定、高效的煤矿产业发展格局。

我国煤炭工业虽然取得了长足发展，但煤矿安全生产状况却不容乐观，在煤炭供应量不断增加的同时，也伴随着各类煤矿事故的频发。自 2000 年开始的相当长一段时期内，在我国经济持续快速发展的同时，能源和原材料的消耗也急剧增长，于是，煤炭生产企业纷纷加大生产力度以满足市场需求，因而它们常常处于满负荷的工作状态，这无疑加大了煤矿安全事故发生的风险。与其他国家相比，由于我国自然条件的限制，95%的煤矿开采属于井工煤矿开采作业，开采难度系数极大，给煤矿安全生产工作带来了巨大挑战。在世界煤矿事故灾害排名中，我国一直是最严重的国家之一，尽管我国的煤矿安全整体形势在不断改善，煤矿百万吨死亡率由 2002 年的 4.49 降至 2017 年的 0.106，降幅高达 97.6%，但与技术和管理均较为发达的西方采煤国家相比，我国煤矿安全水平仍然十分落后。

近年来，政府对煤矿安全工作不断加强管控，尤其是对无法满足安全生产要求的中小煤矿强制实施"关停并转"措施。此外，政府加快了对煤矿安全的立法管制，确立了国家煤矿安全监察制度，管理体制不断得以完善，从制度层面积极实施"严防死守"。2000 年11 月 7 日颁布的《煤矿安全监察条例》标志着煤矿安全监察工作已然受到国家的高度重视，反映了国家对实现煤矿安全生产的迫切需求，也对煤炭产业安全生产和监察体制建设具有里程碑式的意义。在 2001 年，我国就形成了涵盖 19 个省级煤管局和 68 个安全监察

[①] 本书所讨论的煤矿，特指具有规模作业能力，进行原煤采掘活动的大中型煤炭企业。尽管一些煤炭企业集团发生事故的种类不同，问题最突出的仍是煤矿的生产安全问题，所以本书重点探讨煤矿的安全生产管理问题，并不涉及煤炭企业集团其他的生产经营活动过程中各类事故。

办事处的国家、省、地区三级煤矿安全垂直监察体系的格局。在 2003 年 3 月，中央政府提升了国家煤矿安全生产监督管理局的行政级别，使其成为国务院的直属机构。如今，我国已经成立了垂直管理的 26 个省级和 76 个区域煤矿监察机构。通过政府对煤矿安全生产工作采取的一系列强有力的措施，煤矿安全生产状况得到很大改善，具体表现为煤矿伤亡事故主要指标实现了稳步且明显下降。

据国家相关规定，重大事故、特大事故、特别重大事故对应的划分界限分别为一次性死亡 3～9 人、一次性死亡 10 人以上以及一次性死亡 30 人以上。近年来，全国煤矿事故数和事故的总死亡人数在不断地下降，我国煤矿安全生产形势有一定程度的好转（表 1-1）。特别是在 2017 年，我国在经历较长周期无发生特别重大煤矿事故后，百万吨死亡率降至 0.106 的历史最低水平。

表 1-1   2001～2017 年我国煤矿事故及死亡人数

年份	事故总数	总死亡人数	特大事故数	特大事故死亡人数	百万吨死亡率
2001	3082	5670	75	1405	5.07
2002	4344	6995	65	1584	4.94
2003	4143	6434	58	1421	3.71
2004	3641	6027	49	1495	3.08
2005	3341	5986	58	1739	2.81
2006	2945	4746	38	744	2.041
2007	2421	3786	28	573	1.485
2008	1954	3214	38	707	1.182
2009	1616	2631	26	614	0.892
2010	1403	2433	14	330	0.749
2011	1201	1973	11	148	0.564
2012	779	1383	7	98	0.374
2013	604	1067	14	262	0.293
2014	518	924	14	229	0.257
2015	352	598	4	66	0.159
2016	249	538	5	62	0.156
2017	219	375	6	69	0.106

由表 1-1 可见，2001～2017 年，我国煤矿事故各项指标整体上表现出下降态势，但无法回避的问题是百万吨煤死亡率和特大事故死亡人数相对发达国家依旧偏高。

我国煤矿安全事故具有发生频率较高、特大事故问题突出、死亡人数相对较多等典型特征，其内在本质问题可归结为以下六个方面。

（1）重大事故隐患和重大危险源大量存在。受自然条件限制，我国煤炭开采大多需要在瓦斯浓度较高的地下矿井进行作业，这不仅加大了井工开采难度，而且对开采技术提出了更高的要求。由于我国近 70% 的煤矿自然条件复杂，开采难度较大且极具多变性，加之存在自然灾害风险，如瓦斯突出、火灾、透水等，极大地加剧了矿井的开采风险。在实际开采过程中，又因为煤矿作业空间往往极其有限，照明条件差，各个作业环节和井下不同工作面均存在大量的安全隐患，使得重大伤亡事故的发生概率大大增加。

（2）安全基础薄弱，安全设备落后。为保障煤矿安全开采，技术的先进性、可靠性是预防安全事故的关键所在。然而，尽管煤矿安全装备可以较好地保护井下作业人员，但目前我国许多煤矿安全装备普遍存在适应性差、可靠性不强的问题，这使得其实际防护效果大打折扣。除此之外，当新的灾害发生时，往往缺乏相应的专用设备。而用于探测煤矿安全的专用仪器仪表又常常寿命周期较短、测量精度不高、使用稳定性较差，达不到绝对安全的要求。因此，高质量的精密专用设备缺失也是我国煤矿面临的突出问题。

（3）煤矿安全投入严重不足。一直以来我国煤矿企业都存在煤矿安全生产投入不足的现象，历史欠账严重。早在 2005 年，相关专家曾对 54 家重点煤矿企业进行考察，结果发现存在高达 689 亿元的安全资金投入不足，部分矿井不仅基础设施老化严重，安全装备异常落后，而且防灾方面也不具备健全的预警系统。这种问题在地方国有煤矿和乡镇煤矿尤为严重，安全投入严重不足，事故防御能力极其脆弱，无法保障矿工的人身安全。

（4）煤矿安全科技水平低。我国煤矿安全研发基础条件不健全，科研投入严重不足，科研力量分布不均衡，科研成果转化效率低下，无法形成良好的产学研一体化环境。特别地，我国煤矿安全科研在很多领域都处于滞后状态，如安全基础理论、瓦斯煤尘爆炸、主要灾害预防与控制技术等研究。因此，我国煤矿企业一直存在自主创新能力较差的硬伤，无法建立完善的煤矿安全科技支撑体系。

（5）煤矿从业人员整体素质下降。由于我国煤炭行业陷入发展低谷，煤矿企业科研人才外流现象十分突出，相关对口专业院校招生比例也大幅削减，这进一步恶化了煤矿专业技术人员供求失衡的局面。据 2014 年相关统计数据显示，从业人员素质普遍较低，小煤矿初中以下文化水平工人占 77%以上，而国有煤矿情况也不乐观，大专以上文化水平的技术人员只占到 3%左右，而有些专业的技术人才更为匮乏，如采矿、机电、通风、地质等。更有甚者，个别小煤矿企业绝大多数员工都是农民工，这些农民工与煤矿开采企业签署几个月至几年不等的工作合同，合同期满便可离开。这使得员工流动性非常大，进而导致煤矿企业大都不够重视对其进行安全生产培训。由于农民工劳动成本低，近 10 年来，煤炭行业趋向于以农民工进行生产。然而农民工的安全意识较差，"三违"率较高，导致煤矿事故的频繁发生。

（6）煤矿安全标准体系建设和法制建设亟待加强。煤矿安全生产很大程度上依赖于安全技术标准的指导和支撑，煤矿安全监察工作也主要依据安全技术标准得以实施。但目前我国煤矿安全标准主要来自《中华人民共和国煤炭法》《煤矿安全监察条例》《中华人民共和国矿山安全法》及其他相关技术标准和规范，其内容分散且不完善，亟须加以修订改善。此外，煤矿安全生产与煤矿企业能否自觉遵章守法有着直接而紧密的关系。然而，我国部分煤矿企业或多或少存在安全观念淡薄的问题，为了追求经济利益，无视法律法规，无视矿工生命，心存侥幸，私挖滥采，非法违法生产。另外，一些地方的安全监察机构开展监管监察工作时，措施不得力、执法不严格，出现监管缺位现象。特别是个别负有责任的公职人员玩忽职守、以权谋私，为了利益而充当不法分子的护身符。

值得注意的是，当前任何一起煤矿安全事故所带来的负面影响已经超出了对生产领域和经济范畴本身的冲击，由其所产生的社会广泛关注和舆情效应甚至会左右事故影响的发展路径，并危及相关企业的品牌形象及其后续发展。对国家而言，严峻的煤矿安全形势不仅对我国造成了不良的社会影响，亦对环境造成了严重危害，还阻碍了我国和谐社会的建设进程，甚至直接影响煤炭工业的国际竞争力以及我国政府在国际上的形象。

煤矿生产直接影响着我国国民经济的能源供给，因此已经成为国家安全生产监察工作的重要内容之一。煤炭工业的可持续发展也必须建立在煤矿员工的生命安全和国家财产安全的基础之上。要真正意识到煤矿安全生产的重要性，以及当前我国煤矿安全生产的复杂性和艰巨性，就必须立足于宏观经济发展和国家能源产业安全的视角审视这一问题。为保障煤矿安全生产，我国煤炭产业亟须建立和健全安全生产的长效机制。煤矿生产相关方也迫切需要依托科技兴国、科技兴煤、科技兴安的战略，基于煤矿安全生产的客观规律，研究重大的基础性理论问题，攻关普遍存在的关键技术问题，并加速推广应用相关高新技术和先进适用技术。

应该指出的是，目前我国煤矿生产过程中的安监机制主要是事后应急管理导向的，即通过及时实施应急预案来管控事故风险，这种导向模式属于"亡羊补牢"式的补救模式，并不能从根本上做到"防患于未然"，因此，对煤矿事故风险建立有效的事前事故预警机制才是确保煤矿生产安全的治本措施。本书认为，煤矿安全监管介入的时间和方式均应前置。现有煤矿企业的安全管理偏重于技术的开发和应用，在建立数字化的矿山救护平台方面做了大量的工作，而从管理的角度考虑问题的研究较少。此外，从预警管理的角度对事故因子的分析不够完善。

综上所述，为改善我国煤矿安全管理滞后的局面，必须紧紧围绕我国煤矿行业的特点，明确煤矿事故发生的根本原因，并采取科学、系统、有效的对策来最大限度管理事故灾害风险，从根源上提升煤矿企业生产的安全度。就目前而言，煤矿产业安全管理亟待解决的问题是开展煤矿事故模型研究，并据此构建煤矿风险控制的方法论和管理系统。

1.2 本书的主要内容

本书采取定性和定量相结合的研究方法，辅以案例实证研究，旨在就煤矿事故预警管理系统和预控对策机制的相关理论及应用问题进行探讨。基本的研究逻辑思路是通过研究典型的煤矿事故理论模型与控制方法，系统性梳理煤矿事故形成、发展、演变的内在机制，从而提出更具有可操作性和有效性的危险辨识方法。在此基础上，建立煤矿动态、全面监测和控制风险的方法体系，构建煤矿安全预警管理机制，从而实现煤矿安全生产的智能监测诊断、预先干预、决策支持和保障机制，有效地预防和减少事故（尤其是重大和特大事故）的发生，进而促进煤矿协调、稳定、健康、可持续地发展。考虑到外部宏观制度环境对煤矿企业预警管理的激励和约束作用，本书在对微观煤矿企业的内部预警管理体制进行研究和再造的同时,将外部宏观制度环境作为影响煤矿企业预警管理的重要变量纳入考虑范围,进而构建起有益于提升煤矿管理水平和促进我国煤矿安全生产形势向好发展的制度体系。

基于管理的视角,本书对煤矿事故预警管理关联问题进行了研究,主要内容包括以下九个部分。

1. 煤矿企业事故损失的评价

本书首先介绍事故损失的含义,把事故损失划分为直接性经济损失和间接性经济损失,并对各自涵盖的损失范围进行细致的描述;接着详细介绍伤亡事故的统计指标和统计方法,开展对事故损失的统计分析;然后对事故直接性与间接性经济损失的计量方法以及事故非经济损失的估算方法进行总结和探讨,在此基础上,得出事故总损失的计算方法。

2. 煤矿事故致因模型研究

考虑到我国煤矿事故频发已经是不争的事实,针对这一严峻的安全形势,本书在借鉴事故致因理论的基础上,结合我国实际的煤矿事故特征,提出我国的煤矿事故致因框架,为我国煤矿安全生产实践提供理论指导,并通过揭示煤矿风险形成的规律为对煤矿事故进行有效的过程管理提供重要依据。一般情况下,煤矿事故的发生并非是由单一因素引起的,它往往是诸多因素共同作用的结果,且这些因素之间又常存在特定的因果关系。因此,只有梳理清楚这些因素及其相互之间的关联影响,识别煤矿事故发生的根本原因,才能做到从源头上避免煤矿安全事故。

本书深入探究引致我国煤矿事故频发的相关影响因素及诸因素之间的关联关系,揭示诱发这些事故的根本性原因,同时提出能够有效预防和管控煤矿事故的可行政策建议。

本书首先将煤矿事故致因要素进行系统性分类,共包括五大类:人员因子、设备因子、环境因子、管理因子和信息因子。然后对比分析这些危险源因子的作用途径,并论述诱发事故的内在机理和可能的安全隐患。最后,基于所构建的煤矿事故致因模型进行瓦斯爆炸事故案例分析。

3. 煤矿安全水平灰色关联评估模型研究

煤矿事故一般是由多种因素共同作用引发的,而在此作用过程中各因素的相互影响路径通常又较难解析,故难以用一个定量的数学模型来描述其内在影响机制。本书针对煤矿安全领域中许多对象具有"内涵明确,外延不明确"的特点,且煤矿事故致因因素复杂,而通过对这些复杂因素进行关联度分析,则能够从中识别出事故致因关键因素及其与其他因素之间的逻辑关系,掌握安全工作的重点,为进一步分析研究和采取预防措施提供依据。

本书以灰色系统理论为基础,针对煤矿事故的有关情况,通过灰色关联度分析设计关联矩阵,提出一个分析煤矿安全水平的灰色关联评估模型,通过对各构成因素与煤矿安全水平的灰色关联度的计算,得出这些因素对煤矿安全水平影响的重要程度,进而为改进煤矿安全生产有关系统提供可靠的决策依据。并选取国内某大型煤业集团为案例，进行实际应用分析，以验证该模型在煤矿事故预测中的有效性和实用性。

4. 煤矿企业安全风险预警评价研究

本书基于煤矿事故致因理论分析，从人员、设备、环境、管理和信息五个维度设计相应的指标体系，分别采用改进型灰色关联分析法以及信息熵-模糊神经网络法实证研究煤矿安全风险问题[1, 2]。

5. 煤矿企业事故的博弈分析

从博弈论视角研究煤矿企业利益相关方在利己目标下的行为反应问题，特别是基于煤矿企业和安全生产监督管理局二维博弈分析，构建包含煤矿企业、安全生产监督管理局和地方政府的三方博弈模型及其改进动态博弈模型。

6. 煤矿安全管理体系再造研究

煤矿企业安全管理体系的建立并非是一劳永逸的，而是随着企业内外部环境的变迁，动态地不断实现优化调整和自我完善的过程。通过这一过程，企业能够适度、充分且有效地推动安全管理体系变革，从而达到风险管控目标和最小化各类潜在损失。

传统的煤矿安全管理体制属于科层制模式，而本书所设计的煤矿安全管理体系则是强调预警能力提升且实施全方位风险防范的流程化管理系统。围绕预警管理贯穿于煤矿企业生产运作全过程的思想，运用 BPR 相关理论，以煤矿企业的整体资源整合为重点，提出一个基于预警管理理念的煤矿企业流程再造的模式，包括相应的组织管理机构、企业日常运作模式的变革等。重点对煤矿安全管理模式进行再造，即在辨识危险源后，构建全面动态监测和风险管控的煤矿安全管理体系，从智能监测诊断、提前干预、策略支撑和保障机制方面实现煤矿的安全生产，实现事故的有效预防、降低和消除事故隐患，尤其是那些重大及特大事故。

7. 煤矿安全监察激励机制设计

煤矿安全监察工作意义重大且任务繁重，煤矿安全监察激励机制能够及时地捕捉到事故的征兆，并作出相应的预警提示，从而极大地降低重大事故形成的可能性和为相关部门决策提供强有力的支撑[3]。

改善煤矿安全形势和实现煤矿安全生产，就必须要强化煤矿安全监察，并激发煤矿安全监察人员的工作积极性和创造性，这样才能够使监察人员尽职尽责，实现产出与投入之比的最大化，这也是保障我国煤矿企业安全运营的根本有效途径。激励机制有助于企业实现自身的发展目标，一定的激励机制会激励客体"自动"地产生一定具有规律性的行为。激励只有上升到系统性的制度层面，才能对企业发展产生持续有效的推动作用[4]。

以往管理学中的激励往往是讨论人性和需求，而委托代理理论中的激励则往往关注的是信息的不对称性，本书将二者相结合，并将此作为安全监察激励机制设计的理论基础，以组织目标体系、诱导因素集合和个人因素集合作为制度设计的三大重要节点，将它们和制约性因素以不同的路径组合方式相互关联起来,进而形成能够对不同主体产生影响的相对更为完善的激励机制设计模型[5]。

8. 煤矿安全管理体制创新研究

本书提出"国家监察、行业管理、企业负责、第三方监督、全员管理"的创新性管理体制,即在继续推进国家监察、行业管理和企业负责的基础上,加强第三方监督制度设计及创新,强调全民参与的重要性。

9. 煤矿安全管理保障策略研究

本书从完善我国煤矿安全生产管理法律法规体系、加强煤炭行业员工队伍建设、提升煤矿技术装备水平、强化煤矿安全信息管理、加快煤矿救护队伍建设、完善煤矿安全经验交流平台六个方面提出煤矿安全管理保障策略。

第2章 国内外煤矿企业安全管理分析

2.1 我国煤矿事故的分类、特点及演化规律

2.1.1 煤矿事故的分类

依据煤炭工业伤亡事故的性质，煤炭工业行业生产伤亡事故被分为以下八类[6]。

（1）瓦斯事故：瓦斯、煤尘爆炸或燃烧，煤（岩）与瓦斯突出，瓦斯窒息（中毒）等。

（2）顶板事故：冒顶、片帮、顶板掉矸、顶板支护垮倒、冲击地压、露天煤矿边坡滑移垮塌等。底板事故亦被视为顶板事故[7]。

（3）机电事故：机电设备（设施）导致的事故。包括运输设备在安装、检修、调试过程中发生的事故。

（4）放炮事故：放炮崩人、触响瞎炮以及火药、雷管爆炸造成的事故。

（5）水灾事故：地表水、老空水、地质构造水、工业用水造成的事故及溃水、溃沙导致的事故。

（6）火灾事故：煤与矸石自然发火和外因火灾造成的事故（煤层自燃未见明火逸出有害气体中毒算为瓦斯事故）。

（7）运输事故：运输设备（设施）在运行过程发生的事故。

（8）其他事故：以上七类以外的事故。

以上八类是当前我国对煤矿安全事故的标准定义及分类。

2.1.2 煤矿事故的特点

煤矿事故指的是在煤矿生产这个相对独立的系统过程中，造成生产系统临时或长时甚至永久性停止运行，严重时还会引发人员伤亡的惨剧。具体而言，煤矿事故主要有以下几个特点[8]。

1. 事故的偶发性、因果性和必然性

就其本质而言，煤矿事故的发生属于随机事件，人们对某一具体事故爆发的时间、地点、情境等均不可能精确预测。随着时间的推移，客观存在的非安全因素可能会触发一些难以预知的意外情况，进而引发事故。因此，即使对事故原因了然于心，也无法改变事故偶发性这一客观事实。

事故的必然性是由其因果性决定的。诸多影响因素相互作用、连续发生，最终导致事故的发生，而任何一个因素又可能同时充当着结果和原因两重角色。换句话说，事故因素的因果关系具有继承性和多层次性。事故发生的必然性取决于事故因素及其因果关系的客

观存在，而事故发生的时间、地点及触发原因等具体信息则表现出极大的偶然性。由于事故必然性的特点，它必定遵循一定的客观规律，因此可以通过深入调查和甄别信息，寻找事故发生的内在逻辑规律，从而为事故预警提供充分依据。

2. 事故的隐匿性、重复性和预测性

煤矿事故的发生具有突发性，而诱发事故的潜在危险源或隐患是以隐匿的形式事实存在的，只是难以发现或未受重视。所谓事故的隐匿性，指的就是这些因素随着时间的推移，一旦满足特定的条件就会显现，从而酿成惨剧。

通常，煤矿事故一旦处理完毕，即成为过去，并且同样的事故理论上不会重复出现。但若在事故发生后不能查明背后真正的原因，并努力消除这些有害因素，则完全有可能重蹈覆辙。人们可以从反复出现的安全事故中吸取经验与教训，归纳出事故发生、演变规律，并采用科学、有效的措施预测未来可能出现的安全事故。

3. 事故的关联性、破坏性和周期性

煤矿井下生产系统采用的多为管网式的空间布局方式，整个作业环境既包含安全因素，也蕴涵多种危险因素，这决定了发生在不同区域的不同种类灾害事件的风险程度和灾害事件发生后的严重程度存在着差异。某地区的事故因子、相关地区或整个系统事故因子都有可能对该地区的灾害事件产生影响。反之，事故的后果也有可能在设备、设施和人员方面对本地区、相关地区甚至整个系统产生负面反馈。某种事故形式，既可能是一种事故的后果，又可能是另一种事故的成因。因此，煤矿安全事故具有极强的关联性和破坏性。另外，受限于煤矿生产系统自有的设计寿命，煤矿安全事故发生的概率表现出明显的周期性，特别是在晚期，事故爆发风险会陡然增加，直至矿井寿命终结，煤矿安全事故彻底消失。因此，要深入研究煤矿事故的发生机制，必须动态地考察和区分矿井生命周期内各阶段的主导性不安全因素。

2.1.3　煤矿事故演化的内在规律

任何一个系统在运行过程中都要不断与外围环境进行物质、能量、信息与人员等的动态交换，因而使得系统常常处于非平衡状态。煤矿生产系统作为相对独立的系统，亦具有非平衡态的开放耗散结构特征。耗散结构理论认为，每个系统的演化过程都要经历三个生命周期阶段：第一阶段为产生阶段，第二阶段为发展阶段，第三阶段为消亡阶段。随着外界条件变化，量变达到某一特定阈值时，可能引起质变。具体到煤矿生产系统，在第一阶段即煤矿生产系统产生阶段，系统开始由无序向有序转变；在第二阶段即煤矿生产系统发展阶段，有序逐渐占据优势，系统处于上升期，实现无序到有序的完全转换；在第三阶段即煤矿生产消亡阶段，系统处于下降期，无序逐渐占据优势，又由有序变为无序状态。煤矿生产过程离不开人、机、物料、环境的流动，一旦它们自身存储的能量达到一定的阈值，其流动或释出有可能与人们的预期出现不一致，而这种非正常程式极易诱发危险因子出现。此外，危险因子和安全因子都不是绝对独立于彼此的，二者会随着自控和受控过程不断发生演变和转化，并在特定条件下引致煤矿事故。总之，矿井系统会在生命周期内受到灾害事故的多方面影响，产生可预期或不可预期的后果。

2.2 我国煤矿事故频发成因分析

2.2.1 我国经济发展层面的原因

当前我国煤矿安全事故频发与经济快速增长是密不可分的，它是宏观经济发展过快与煤炭产业内部结构失衡共同作用的结果。

1. 宏观经济原因[9]

自从我国经济迎来新一轮的增长周期，快速增长的经济对能源矿产业发展也提出了越来越高的要求，使得煤炭等矿产资源的需求和供给随之出现大幅上升，刺激了煤矿业的超负荷生产，进而使得原本在配套安全机制方面就不够完善的中国煤矿业积聚了更多的安全隐患，并最终导致煤矿安全事件频发。

1）能源需求过度膨胀

首先，各行业对能源的需求量受宏观经济快速增长的影响而大大增加，进而刺激了煤矿业的生产规模远远超出自身最大负荷，这是煤矿安全事故频发的经济根源所在。我国经济的高速增长迫切需要大量能源支撑，而日益紧缺的能源存量无法满足经济的现实需要，加之新能源利用规模较小，宏观经济必须更大程度地依赖于传统煤炭产业。纵观煤炭行业"黄金十年"的生产状况，煤炭价格自 2005 年开始至 2012 年 5 月，总体上上涨趋势明显，煤炭行业持续处于卖方市场，刺激了煤矿的生产，远远超出实际产能水平。正是基于市场对煤炭的旺盛需求和经济利益的驱使，煤炭产业的粗放式开采始终没有从根本上扭转，特别是一些小煤矿企业的违规开采更是屡禁不止。

2）能源利用效率低下

我国经济发展模式决定了其能源结构必然主要依赖于煤炭资源，这直接导致了日益猖獗的煤炭滥开滥采行为。高能耗、低产出的粗放式经济发展模式不但对能源造成了极大的浪费，更引起了能源需求的非正常扩张，致使采用高密度、高强度采掘方式的煤炭企业无视生产条件限制超负荷生产，造成煤矿安全事故频发而且能源利用效率低下的局面。这种发展模式虽然使我国创造了 30 余年的经济增长奇迹，但它却是建立在资源的过度消耗而非劳动生产率的提高基础之上的。据统计，当前我国的能源效率与发达国家相比差距甚大，仅为 33%；与之相伴的是远远高于发达国家和世界平均水平的能耗强度，在相同产能水平下，中国的能耗强度是日本的 7.2 倍，是美国的 3 倍。对能源的高消耗、低效率的粗放型利用，使得在原料生产、开采过程中出现了只重产量而忽视综合利用的滥开滥采行为。

从中不难看出，煤矿安全事故的发生往往有其特定的规律，具有必然性。随着我国经济增长周期向利好方向的波动与调整，煤矿安全事故频发的经济根源在于社会显著增加的煤炭资源需求。在我国失衡的能源结构以及高能耗、高污染、低效率的经济发展方式下，面对资源价格的不断攀升，一些矿产富含地企业和地方政府受到经济利益的诱惑，仓促推动项目实施以获取短期利益。于是，大量超负荷生产和经营以及无视安全和生态环境的高强度、高密度的滥采行为触发了煤矿矿难频发。作为我国的主导性能源，煤炭关系着整个经济发展大局，具有"牵一发而动全身"的战略作用。煤炭行业承载的生产任务远远超出了其承受能力。一方面是煤炭供给相对不足，我国经济发展面临着能源瓶颈约束，另一方面是为减小供求缺口而进行的超限生产以及由此引起的煤矿安全事故。

2. 微观经济原因

1) "单一经济"困局

在微观层面，就富含煤矿资源的地区而言，"单一经济"是存在于其经济产业结构中最大的问题。"单一经济"指的是：某些地方主要依靠生产和输出一种或几种矿产原料或农产品或其他产品来维持经济发展的片面性经济结构。具体到煤矿资源地，坚持发展煤炭一元经济模式主要受到"靠山吃山、靠煤吃煤"思想的影响，对多元化协调发展的可持续经济发展理念认识不足或有着较强的急功近利短视意识。这种"单一经济"思想认识一味追求利润的最大化，忽视安全的重要性，从而放大了煤矿矿难频发的可能性。

"单一经济"是一种风险极高且危害极大的非正常经济发展模式。在我国，很多资源型地区均在"单一经济"的框架内推动当地经济发展，地区生产总值和财政收入完全依赖于煤矿经济，从而刺激着采煤企业以高密度、高强度采掘方式进行扩大再生产以完成地方政府的财税目标和 GDP 目标。面对市场经济改革不断深化的发展机遇，盲目推崇经济利益而忽视安全生产条件、煤矿安全事故时有发生。

与煤矿利益直接相关的三方"唯煤是瞻"的根源正是"单一经济"，而其合力又通过反作用力强化了"单一经济"，刺激其不断发展壮大。很多资源型地区已陷入"单一经济"恶性循环的两难境地，使得高经济增长与矿难事故频发同时出现。"单一经济"反映出了少数地方执政官员对高质量发展重要性认识不到位，更折射出地方政府对人民的真实福祉缺失应有的责任，它终究会助长煤矿雇主的非理性开采和平添雇工的无奈与苦楚，这是煤矿安全事件频发的政治经济根源所在。因此，只有跳出"单一经济"的陷阱和思维定式，才能从根本上实现经济发展不以牺牲人民的利益为代价，只有提升地方政府的发展理念和依法执政能力，才能彻底破解"单一经济"的两难困局。

2) 产权界定模糊

科斯和诺思作为产权经济学家或制度经济学家的典型代表，认为不同的产权制度安排会引起相同个体做出不同的行为选择。因此，可以从制度设计或产权安排视角考察煤矿安全事件。

何谓产权？"产权不是指人与物之间的关系，而是指由物的存在及关于它们的使用所引起的人们之间相互认可的行为关系""产权是追求收益最大化所作的制度安排"。产权作为一种制度，反映了社会经济关系中各当事人对财产依法享有的占有、使用、收益和处分的权利关系，它由法律界定并受其保护。产权的实施对象（或称客体）是资源，其产生的根源正是资源的相对稀缺性，产权具有可分解性以及明确的边界界定。产权由法律对其进行初始界定和保护，并通过契约来实现动态调整，整个过程受到相应的约束和限制。收益权是产权的最重要内容之一。科斯曾提出一个这样的问题：对于新发现的一个山洞，它的所有权归谁所有？这无疑只与财产法等相关制度有关。但是谁将拥有该山洞的使用权却与财产法无关，它只取决于使用者付出交易费用的大小。这个故事蕴涵了著名的"科斯定理"，即产权边界模糊是引发外部性问题的根源，当交易费用可以忽略不计甚至为零时，那么无论初始产权如何分配，当事人之间的谈判总能达成有效的市场均衡，实现资源配置的帕累托最优，而这一过程不需要公共部门的任何干预。可见，低交易费用是该定理成立的必要前提条件。

依据科斯第一定理，矿藏的使用权归属只与使用者出价的多少有关，而并非依托于宪法、矿产资源法等之规定。因而，当交易成本可以忽略不计时，谁付出的费用最多，即是谁认为该资源有最高的效用，则矿藏的使用权就将归属于谁。需要强调的是，市场中不可避免地会存在交易成本问题，因此科斯第二定理证明了当交易成本不能被忽略时，不同的产权初始界定将使得资源配置效率存在差异。为了将交易成本对资源配置效率的不利影响降到最低，国家严格依照法律规章将矿藏所有权以一定比例分配给各级地方政府，从而由各级地方政府作为国家代理全权配置矿藏资源。尽管存在"为官一任，造福一方"的伦理传统，但在复杂的政府目标函数中，地方官员的介入使得地方政府并不一定能够完全可靠地履行受托人的职责。基于这样的产权初始安排，寻租活动可能会愈演愈烈，同时造成资源的无效利用，进而引发煤矿事故频发[10]。

以此为标准考察我国的矿产资源使用权制度，可清晰地发现我国煤矿安全事故频发的重要原因之一在于矿产资源在中央政府和地方各级政府间的分配制度。目前，我国依然采用的是以行政计划手段为主的矿藏资源分配制度，该种产权分配制度远非市场经济中价格机制的作用结果，它在很大程度上仍属于政府行政审批范畴。就这一点而言，政府以垄断的国家权力而非市场参与者的身份介入产权制度安排中，尽管有助于实现规模经济，但是也无疑会对矿产资源配置中的个人权益带来不利影响甚至是伤害。这也就是著名的"诺思悖论"。

无论"科斯定理"还是"诺思悖论"，都明确揭示了煤矿安全事故发生的症结所在。一方面，政府掌握着资源配置的主动权并以非市场化方式进行产权配置，导致出现产权制度安排的无效现象；另一方面，市场经济存在对高效率与低成本的内在要求。如此一来，两者之间的矛盾越积越深，致使寻租余地越来越大，"经济人"对利益的追求会引发各主体利己行为的选择，造成管理不善的局面不断演化升级，进而导致煤矿事故频发。

2.2.2　煤矿企业管理层面的原因

1. 相关管理制度尚不完善

煤矿企业在管理体制方面所存在的不完善因素通常也会直接引起煤矿安全事件的发

生，因此，采取有效措施对管理过程进行实时监督，一旦发现问题应立即实施必要补救是规避矿难的关键举措[11]。

安全监管体制的作用取决于政府管理的有效性。政府对经济的宏观干预源自"市场失灵"问题，但当政府的经济功能逐渐增强并融入社会生活的方方面面时，有可能出现"物极必反"现象，如"政府失灵"问题。就煤矿安全事故而言，通过市场化的方式并不能有效解决煤矿安全生产的核心问题，故政府介入管理成为必然选择，但实践中又由于政府集探矿权、采矿权和监督权于一身，从而使得一些不法分子竭力通过向官员寻租方式获取支持和庇护，个别公职人员也将其视为设租资本。可见，尽管我国已经建立起一套较为完整的、以安全生产监督管理局为核心的自上而下的安全监管与监察体制，但由于受到各种复杂因素的约束，该体制的实施效果与预期存在一定的差距。一些地方政府和企业为了追求经济利益，未将"以人为本"的执政理念和"安全第一、预防为主"的方针落到实处，不能正确处理安全与生产、安全与利益、安全与经济发展之间的关系。部分地方不完善的安全监管体制，不健全的机构设置，模糊不清的监管责任，淡漠的煤炭行业自律意识，陈旧的技术标准，薄弱的重大安全项目科技攻关能力等问题都是矿难事故的潜在诱因。此外，安全生产监管部门对于在其职责范围内的职权行使问题面临着各种障碍，使其"理不直、气不壮、腰不硬、刀不快"，而这种突出的职与权不对称问题导致了对非法或违规采煤行为打击力度不强、多部门联合执法能力低下、重特大事故调查进程缓慢、小煤矿非法采矿屡禁不止且管理混乱、公然暴力抗法等诸多问题，它们都严重威胁着整个社会的安全生产[12]。

当前的中国，市场经济发展与挑战并存，市场对资源配置的决定性作用还未得到充分有效发挥，政府希望在资源配置中，尤其是在对稀缺资源的配置过程中发挥"看得见的手"的功能[13]。

2. 安全监管法律法规落实不到位[14]

目前，为使煤矿安全生产各项工作都有法可依、有章可循，国家致力于构建完善的煤矿安全生产立法监管体系，已有《中华人民共和国安全生产法》《中华人民共和国矿产资源法》《中华人民共和国矿山安全法》《中华人民共和国煤炭法》《煤矿安全监察条例》《煤矿安全规程》等多部法律规章，为煤矿安全提供了有力保障。但现实中依然存在较为严重的有法不依、执法不严问题。一些地方政府和企业为了追求短期利益，蔑视国家法律威严，造成相关法律规章形同虚设，由此引发的事故数不胜数。要将煤矿生产安全乃至煤炭产业的健康发展纳入依法治国的轨道，就必须着力解决有法不依、执法不严的问题。对于现实存在的不法行为，有必要通过多部门联合，依法综合运用法律、行政与经济手段，切实有效地加强监管和予以打击，从根本上对其形成威慑，并最大限度地遏制煤矿重特大事故发生，以维护群众的切身利益。

2.3　国外煤矿企业安全管理的分析与借鉴

世界重要产煤区域主要分布于中国、美国、印度、澳大利亚、南非等国家，这些国家的能源供应与国民经济发展水平很大程度取决于煤炭行业的健康发展。同样，中国拥有丰富的煤炭资源，作为世界第一产煤国，国家经济的繁荣亦离不开煤炭产业的快速发展，但与之相伴的则是令人担忧的煤矿生产安全状况，它成为煤炭行业健康发展的桎梏。因此，有必要学习发达国家的煤矿安全发展历史，借鉴其先进管理经验。

2.3.1　美国煤矿安全管理经验

作为全球产煤大国之一的美国，其煤矿行业的治理过程也是一个从不完善到完善的发展历程，并最终实现了由管理混乱和事故频发向法制健全和高度安全管理的转变。目前美国仅有 10 多万人从事采煤，人均年产煤近万吨。由于煤炭产业的快速发展，各煤炭企业的安全意识也在日益加强，待遇较高、令人称羡的各工业部门中煤炭工作也赫然在列。下面分析美国在煤炭安全管理方面的主要经验。

1. 制定并不断完善煤矿安全法规

19 世纪上半叶的美国到处机器轰鸣，已由农业时代正式跨入工业化时代，经济发展速度惊人。随着工业革命的深入发展，工业化进程不断加速，美国的城市化发展也方兴未艾。然而，在此期间，美国的各个工业领域发展蓬勃却缺乏秩序，煤炭工业也不例外——产销两旺，雇工人数逐年递增，但随之而来的则是令人瞠目的煤矿事故与死亡人数。美国关于矿山安全方面的安全法规，最早可以追溯至 1891 年，但是煤炭安全事故的问题却没有得到有效的解决。仅 1907 年，美国因煤矿事故造成的死亡人数高达 3243 人，这成为美国有史以来煤矿事故死亡人数最多的一年。面对这样的情况，1947 年美国诞生了其历史上第一部矿山安全法规。由于它是以法规形式颁布，其法律效力远不如正规法律那样具有约束力，于是美国政府在 1952 年制定了《联邦煤矿安全法》，这部法律不仅完善了与安全相关的条例，同时增加了安全与健康的标准，共计 37 条。然而这部法律颁布的时间比较早，所以存在一定的缺陷，那就是没有包含露天矿[15]。尽管如此，美国依旧没有杜绝重大矿难灾害的发生，它表明煤矿职业安全与健康立法进程与煤矿安全生产需要之间的差距依旧很大。于是，在时隔 17 年之后，美国国会又制定并通过了《联邦煤矿健康和安全法》，可以说这部法律开启了美国煤矿事故低发的新篇章。它不仅弥补了前面法律的不足，增加了露天矿开采的相关安全规定，并将井下煤矿开采纳入管理范围，从而增强了美国政府的执法能力和监管力度，同时对强制性的安全与健康标准给出了详尽的解释说明，并出台了更为完善的安全监察制度。令人欣慰的是，美国的煤矿安全事故发生率在该法颁布实施后表现出显著的回落态势。以 20 世纪 70 年代为分水岭，在此之后年平均死亡人数下降到千人以下。特别地，这部法律产生的积极影响持续而深远，例如，1990~2000 年，产煤量共计 104 亿吨，而百万吨死亡率仅 0.0473，死亡人数仅为 492 人；1993~2000 年，在发生煤炭事故的企业中没有一家死亡人数超过 3 人，尤其是 1998 年，全年产煤 10.18 亿吨，死亡人数仅 29 人，百万吨死亡率仅为 0.028，再创历史新低[16]。

在 1969 年《联邦矿山安全与健康法》的基础上，通过进一步规范调整，《1977 年联邦矿山安全与健康法》（以下简称《矿山法》）在 1977 年美国国会上获得表决通过，这标志着美国矿山安全管理机制正日臻完善。该法案主要在两个方面针对 1969 年的法案进行了修正：一是调整了矿山安全监察与管理体制，扩大了监察局的权限；二是以该法案为依据，单独设立矿山健康与安全联邦调查委员会，负责煤矿安全与健康管理局的监督工作[17]。

目前，对现行行政法规进行年度修订和出版已成为美国政府的惯例。对于煤矿安全，仅仅制定和修改法律是不够的，为了切实保证生产安全，美国煤矿安全监管部门还强化了执法管理和违法追责以打击违规行为。例如，对于一般性初次违规行为即处以最高可达5.5 万美元的罚款，而对于无信用矿企罚款更多。

2. 建立煤矿安全管理机构

为解决内务部矿山安全监察局的局限性，美国政府基于《矿山法》授权于 1978 年组建了新的煤矿安全与健康管理局（MSHA）并将其划归劳工部管辖。早在 1999 年，煤矿安全与健康管理局的安全和健康检查司就拥有 11 个地区级二级子机构，65 个驻区办事处，2261 名注册职员，949 名国家级监察员，610 名煤矿监察员。至此，该机构的各项职能具备了法律基础，其全国范围内的矿山监管权力也得到了充分的法律授权和保障[18]。

为了最大限度地发挥安全监察机构的作用，美国政府特别强调监察人员及其机构的独立性，要求煤矿监察员与煤矿无任何从属关系，并实行两年轮岗制。同时，它还强制这些工作人员必须具备矿区工程师的职业技能并必须定期参加职业培训。在煤矿事故发生后，3 人以下的伤亡，由本地安全监察员进行事故调查，而一旦死亡人数超过 3 人，则必须由异地煤矿监察员接手事故调查和处理，本地人员不得介入。此外，在《矿山法》规定的基本框架范围内，各州可以结合本地的实际情况对相关法规进行相应调整，并成立专门的执行机构来确保这些法律的有效实施[19]。

3. 不断加大煤矿企业的安全投入

为切实保障煤矿企业和煤矿工人的安全生产与健康，美国政府专门将与其相关的管理、科研和教育支出纳入了联邦年度预算。根据《矿山法》规定，煤矿安全与健康管理局依法对矿工安全与健康负有保护责任，因此它一方面通过严格的标准制定和法律援助等方式维护矿工合法利益，另一方面通过管理联邦煤矿安全与健康的预算使用来支持有关提高煤矿开采安全性的科研项目的实施。此外，该机构的职能还包括对严重危害矿工健康的社会性等问题提供补充性财政预算。例如，在 1998 年，美国政府补充安排了高达2.058 亿美元的专项资金，涉及 2186 个补充性财政预算项目，较前一年度增加了 860 万美元和 12 个项目[20]。

确保煤矿企业贯彻落实《矿山法》是煤矿安全与健康管理局的法定权利和责任，也是其首要重点工作。为此，该机构必须定期对煤矿安全生产状况进行巡视审查，具体内容包括矿工健康状况、特别项目执行情况、矿工培训情况等。早在 2000 年，作为美国劳工部部长助理的该机构的负责人就动议了预防呼吸粉尘对矿工的危害计划以及矿工尘肺病预防计划，美国政府为其准备了 24 个项目共计 170 万美元的资金，其中 130 万美元定向用于监察设备的购置和维护更新，5 万美元用于监察系统建设[21]。

4. 重视员工的安全培训

由于很多情况下发生的煤矿安全事故都与员工没有按照安全细则规范操作密切相关，因此美国政府高度重视对煤矿员工的安全培训工作，并专门制定了严格的培训计划对煤矿相关人员进行强制安全培训，培训工作由劳工部部长批准后由劳工部负责组织实施。根据规定，培训工作的实施对象包括矿主及其管理团队人员、新聘煤矿员工、转岗煤矿矿工三类，其中，管理人员必须在接受专业培训并考核合格后持证上岗；新雇佣矿工必须系统接受安全基础知识和法规培训；变更工种的矿工必须接受新岗位的安全知识教育培训。对于任何违反上述规定的人员，安全监察员有权责令其离开工作岗位并对涉事企业进行罚款。同时，安全监察员必须接受为期两周的年度培训，以便及时了解和掌握安全生产领域的新技术和新知识来不断提升自身的业务素质与监察水平[22]。

5. 重视生产技术条件和应急救援

美国政府对任何规模的煤矿生产技术条件都高度重视，在进行煤矿项目的可行性分析和设计施工时，都会提供相当一部分的资金投入生产的机械化设备购置当中，并要求将矿井的生产工艺流程视为整个生产系统最重要的环节加以考虑。与设施配套完整、机械化程度高、生产效率高的井下相比，地面设施则相对简单。此外，美国政府也十分重视应急救援问题，要求任何矿企必须拥有不少于两支专业救援队伍并随时处于待命状态，一旦发生煤矿安全事件，救援队伍必须在两个小时以内接近井下目标实施救援[23]。

2.3.2 印度煤矿安全管理经验

作为世界产煤大国，印度的煤炭资源大部分用于发电，全国约 57%的商用能源由煤炭供给。对煤炭的高度依赖以及落后的生产技术使得印度曾经经常发生煤矿事故，数据显示：1961 年印度煤矿百万吨死亡率高达 4.81，在整个 20 世纪 60 年代初期，历年都会发生 3000 余起伤亡事故。但自 90 年代开始，随着国有化效果的显现和管理的日益成熟，印度煤矿百万吨死亡率呈显著下降趋势，至 2008 年，该指标降至 0.154。印度采取的煤矿安全管理举措包括以下几个方面。

1. 健全法规

对于国内频繁出现的煤矿事故，印度政府在解决煤矿安全问题的同时采取了与美国一样严格的举措，那就是颁布与煤矿安全管理相关的法令和法规。早在 1952 年，印度政府就制定了《矿山法》以及与之相关的法规和条例，实质上这些法规和条例是对先前已有规定的进一步细化和明确，同时法律明确规定了与煤矿相关的这些法律、目标等必须由矿山安全管理总局（DGMS）来负责执行[24]。

印度有多项法规都由矿山安全监察总局管理，按照时间顺序，这些法规依次是 1910 年的《电力法》，1948 年的《工厂法》，1952 年的《矿山法》，1974 年的《煤矿保护和开发法》，1986 年的《环境保护法》，以及 1989 年的《关于有害化学品制造、储存和运输的条例》。其中，除《电力法》和《矿山法》外的其他法规均属于联合法令[25]。

2. 安全监察

与美国相比，印度的煤矿监察制度设计更为完备。在印度，矿山安全监察总监直接对印度煤矿安全工作的全局负责，同时是印度矿山安全监察总局的负责人，处于煤矿监管体系的最高层级。同时，印度还设置了另外六种类型的监察机构，具体如下。

（1）工人监察员。工人代表是唯一的组成部分，主要职能是监察各个煤矿的安全状况，这里的工人代表主要来自各个矿区中采矿和机电工种，他们直接对矿山安全总局办事处负责。

（2）煤矿安全委员会。该机构由工人代表和管理人员共同构成，其主要工作是对煤矿安全状况展开调查以评估其安全性。

（3）三方安全委员会。主要是指除了上述煤矿安全委员会中的两方代表之外，再加上矿山安全监察总局代表，共同构成委员会，它又包括矿区三方安全委员会和煤炭子公司三方安全委员会。该机构主要职责是对各个矿区或煤炭子公司进行定期的安全检查，确定其有关煤矿安全措施的实施情况。

（4）煤炭公司安全董事会。该董事会成员代表类型众多，除煤炭集团董事长外，还包括工人代表、集团技术副总裁、子公司总裁、矿山安全监察总局代表、煤炭部代表，董事会秘书长由集团公司负责安全和救护的副总裁兼任。董事会的主要工作是根据现阶段安全状况，对不符合安全要求的地方予以纠正，同时对煤矿开采安全标准进行政策上的调整。

（5）煤矿安全委员会。该机构由煤炭部部长牵头负责，其主要职责是制定煤矿安全的宏观管理政策并检查煤炭公司的落实情况。

（6）矿山安全大会。该大会由印度劳工部组织召开，其周期为每 3～4 年召开一次，主要任务是总结矿山安全工作，分析矿山安全形势以及讨论矿山安全标准，其会议成果有可能成为相关煤矿安监法规的重要依据[26]。

3. 重视安全培训

煤矿事故的发生常常是由矿工的操作不当造成的，为了减少由此造成的安全损失，有必要对矿工进行有关煤矿安全的培训，为此印度政府于 1966 年专门制定了《矿山职工培训条例》。该条例中明确规定了所有矿工必须定期进行安全培训，各煤矿公司要为矿工提供培训场所。培训中心为矿工和技术人员提供不同的培训课程。根据要求，新矿工在正式工作之前要进行 24 天的集中安全培训，课程分为理论课和实践操作课两大部分，两类课程时间均为 12 天。培训的主要内容是在采煤过程中经常遇到的问题，包括煤矿安全注意事项、不同煤矿的采煤方法、采煤过程中主要机器的操作方法、顶板支护以及通风照明的应用等。除此之外，还有一些技术类培训课程，如开矿时炸药的用法、有害气体泄漏的检测等。培训中心还有专门针对技术工人以及在职非技术工人的培训课程，一般技术工人培训时间为 18 天，在职非技术工人为 12 天，理论课和实践课培训时间各一半。通常，矿工必须再次进行安全技术进修培训的时间间隔为 5 年[27]。

4. 露天开采比例大

重点开采露天煤矿是印度煤矿安全事故得以降低的重要原因之一。在印度，绝大部分的煤矿地质结构简单、煤层较厚、蕴藏较浅，故无须进行开井作业，可直接露天开采。例如，印度贾里亚矿区的煤炭开采深度仅为 60～160 米，这就避免了煤炭工人在井下作业的风险，降低了事故的发生率。在印度的采煤公司中实力最雄厚的非印度煤炭公司莫属，它是印度最大的国有煤炭公司。该公司垄断了印度煤炭市场 81%以上的份额，印度 57%的能源由该公司的煤电提供。就印度煤炭公司露天矿采煤量来看，1973 年仅为 1800 万吨，1980 年就达到 3990 万吨，占总产量的 39.6%，1990 年为 13300 万吨，占总产量的 70.4%，10 年内占比增加了约 30 个百分点。截至 2010 年，印度全国露天开采煤产量约占其总产量的 81%[28]。

5. 安全救护

为节约煤矿事故的应急救援时间，印度煤炭公司专门在其所有子公司设置了具有高度独立性的应急救援机构，即救护中心。该中心实行子公司总经理负责制，除配备先进的救援设备和专业的救援人员外，还在矿区通过设置救护站以及再培训基地培训了大量的在册救护人员，并定期为矿工进行体检。该系统能够保障中心所属救护人员在半小时内抵达救援现场实施应急救援[29]。

6. 职业健康

采煤工作另一项潜在的威胁就是采煤过程中的粉尘等职业病危害，印度政府也特别加强了对该疾病的预防。1978 年《矿山法》的重新修订就是为了减少粉尘对矿工的危害，修改内容中规定要对矿工定期进行健康检查。为了强化粉尘的防护和监察力度，印度煤炭公司在 1989 年成立了国家粉尘防护委员会[30]。

2.3.3 澳大利亚煤矿安全管理经验

澳大利亚地广人稀且煤炭资源丰富，其煤炭产量和出口量均居世界前列。在本国能源生产和消费中，煤炭占到了能源总产量 70%、一次能源消费量 44.1%的比例。澳大利亚煤矿一直是世界上最安全的煤矿之一，煤矿百万吨死亡率维持在 0.014 的较低水平，很少出现严重死亡事故，甚至在 2004～2006 年连续三年实现了行业零死亡。澳大利亚的煤矿安全管理特点在于重视安全培训、预防安全隐患措施有效、注重现场严格管理、关注安全氛围建设[31]。下面具体介绍其主要经验。

1. 严格执法

在煤炭安全管理方面，澳大利亚可谓是卓有成效，这一点可以从澳大利亚不断下降的煤炭行业伤亡人数中看出，甚至在个别年份全国煤炭行业还实现了"零死亡"。这样的成绩归功于澳大利亚政府整治煤炭安全问题的决心以及政府执法必严、违法必究的态度。澳大利亚政府规定，一旦明确诱发煤矿事故的主因在于煤矿管理者，则管理者个人将被依法追究刑事责任，同时企业需接受不低于 100 万澳元的罚款。最典型的例子是澳大利亚阿平煤矿，在那里管理者将矿工的生命安全看得比企业的利润更重要。管理者也是法律最忠实的维护者，他们会以身作则，为员工树立良好的执法榜样，努力防止发生危害企业和自身的煤矿安全事故。同时，矿工不仅要严格按照生产安全章程操作，他们还有权利监督上司、同事的不安全行为，一旦发现有威胁到安全管理的行为或工作中存在不安全因素，则有义务到安全部门进行报告。若经查实确实存在安全隐患，则矿工可以有权拒绝出工[32]。

澳大利亚政府为了确保煤矿安全生产，不断适时调整和完善相关法律。澳大利亚政府的主要职责是制定基本的法律和具体的技术标准，而地方政府则可以在国家规定的法律框架内结合本地煤矿生产安全条件和矿工职业健康状况因地制宜地加以细化和明确。在对煤炭企业监督和执法过程中，地方政府如果发现某些企业在矿山设计、生产、环境保护和安全方面存在问题，有权勒令其停产。此外，法律还明确规定所有的煤矿相关人员都对安全生产负有不同的职责并承担相应的法律责任。正是上述严格的安全规定有效地保障了澳大利亚煤矿的安全生产。1979～1999 年，澳大利亚共发生过 6 起死亡超过 10 人的特大煤矿安全事故，累计死亡人数 69 人，而此后随着政府安全管理力度的加大，严重事故发生率得到有效控制。特别是在近十年，澳大利亚煤炭产量规模不断攀升，但其煤矿风险一直被稳定控制于较低水平[33]。

2. 重视员工培训

澳大利亚政府十分重视煤矿区的安全培训工作，要求各矿区必须严格依据《职业健康与安全法》对矿工进行认证培训，即由各州相关机构组织实施考核，给考核合格者发放认证培训证书。澳大利亚的安全培训以效果为导向采取了多种培训形式，培训时间因人而异，其培训对象涵盖了专业井下作业人员、临时井下作业人员、合同制工人以及科研技术人员，甚至对外来参观人员也要求必须经过短期培训方可下井。澳大利亚的安全培训措施旨在使所有下井人员熟悉井下环境、井下行为规范、井下应急措施，进而保障井下作业安全[34]。

3. 潜在事故报告制度

由于煤矿生产的复杂性以及地质条件的不重复性和随机性，高度机械化的煤矿采掘并不能彻底消除煤矿安全事故的风险，即煤矿潜在的安全风险。据统计，有着较高安全管理水平的澳大利亚也并非天生拥有成熟的安全管理体制，其历史上从 1875～2002 年，累计发生 1900 多起严重矿难，致使 1 万余人伤亡，特别是在 1996～1997 年，仅在新南威尔士州就发生了 7 起严重矿难事故。随着社会对安全生产的呼声日益高涨，澳大利亚政府在此背景下推行了潜在事故报告制度。根据这一制度，矿工和技术人员被积极鼓励去努力发现不安全因素，并且所有的新设备、新工艺、新环境都要接受矿区培训人员、管理者、工程师和操作人员的多方风险评估。另外，鉴于百万吨死亡率指标已经不再适用于进入矿难低发期的澳大利亚，故相关管理部门选择了因工伤而损失的工时频率作为评估安全状态的替代性指标。例如，在 2001 年，新南威尔士州煤矿的该指标值为每百万工时 33 次[35]。

4. 现场管理严格把关

澳大利亚矿区建立了相对完善的现场管理制度。一方面严格控制进入工作面的人数不得超过 15 人,具体方法为:将一面挂有小铁牌的木板置于工作面入口处,凡是进入工作面的人员,无论行政人员还是参观人员都必须凭牌而入、退牌而出,以此方式来强制控制进入工作面的总人数以及掌握在工作面作业的准确人数。另一方面实行工长负责制,即工长需要对井下的瓦斯浓度、顶板条件等方面的安全情况进行频率为两小时一次的详细记录,并以书面形式标示于煤矿工作面的主要入口处,每个矿工则在入井前必须认真查阅工长记录,若有疑问可及时与调度人员进行沟通和核实[36]。

5. 大力培育企业安全文化

在澳大利亚,煤矿安全被更多地视为企业文化范畴,这种文化的精髓在于安全氛围和安全能力两个方面。同时,安全文化也被普遍认为是决定企业竞争力的必要条件。目前,澳大利亚的煤矿管理理念已经从最初的以法律约束为基础的强制性管理转变为以风险评估为主导的预防式管理,而且,它还特别强调以员工为中心的安全文化建设,认为在安全环境中工作以及学习安全决策能力既是员工的权利,更是员工的义务。此外,澳大利亚政府还通过完善煤矿安监体制建设进一步确立了安全文化的主体性[37]。

6. 不断增加煤炭业的安全投入

新南威尔士州和昆士兰州是澳大利亚主要的煤矿产区,当地政府一直坚持通过不断加大安全投入力度来确保煤矿安全和员工健康。与新南威尔士州在 2003 年投入了 1390 万美元的专项资金方式不同,昆士兰州在安全监察体制方面进行了大力改革,州政府在 2009 年 3 月将包括矿产能源部在内的 10 余个部门整合成新的就业、经济发展和创新部,该机构代表州政府履行对矿产和能源的投资、生产等活动进行监督管理的职责,其下属的矿山安全健康司又设有 5 个中心,共计 40 余名监察人员,分布于州境内中、南、北三大区域的 6 个地方办公室[38]。

2.3.4 南非煤矿安全管理经验

南非也是全球煤炭资源大国之一,尽管拥有先进的煤炭开采技术和设备,但是作为南非国民经济的支柱性产业的采矿业仍然属于传统的劳动力密集型产业,并成为吸纳劳动力就业的重要生产部门。就南非矿工来源而言,既有本国劳动力,也有通过国际劳务输入雇佣的他国临时劳动力,且大部分劳动力属于准熟练和非熟练劳动力。总体来看,南非的煤矿安全事故死亡率呈下降趋势,千人死亡率由 1995 年的 1.02 降为 2000 年的 0.72,2001 年全国仅 17 人死于矿难,而此后其百万吨死亡率一直稳定在 0.07 的较低水平[39]。下面具体说明南非在煤矿安全管理方面的特点。

1. 健全法规,建立安全管理机构

与其他代表性国家一样,南非政府为矿山安全制定了多项法律性文件。继 1993 年开

始实施《职业健康与安全法》后不久，南非政府又于 1996 年颁布了《矿山健康与安全法》，从而建立了相对完善的煤矿安全管理法律体系。在组织机构方面，南非政府成立了由能源矿业部、煤矿管理方、煤矿工人三方参与的矿山健康和安全委员会，由矿工代表直接进入如此高级别的安全管理委员会可以说无论对南非还是世界都具有重要的意义，它增强了有关法律的执行力[40]。

此外，南非政府还专门设置了隶属于能源矿业部的矿山安全监察局，该局由矿山安全监察司、矿山设备安全监察司、矿山职业卫生监察司、综合司四个部门构成。同时，该机构还在 9 个省级地区设立了受其垂直领导的办事处并雇佣了数百名安全监察员，这些监察人员拥有高度的独立性和权威性，可以随时对任何企业或个人开展监察工作。

2. 专业的救护队伍，有效的救护措施

一旦发生煤矿事故，第一时间救援可以大大降低安全事故的伤亡率，所以南非相关机构非常重视黄金时间的救援工作，而能够提供救援服务与咨询的非营利性的私人机构——矿山救护中心的建立恰恰符合各方的需要和利益。目前，救护中心已建成覆盖南非全国的救护网络，该网络面对任何有意加入的煤矿企业都实行开放式管理。中心的理事会成员包括大企业代表和救护中心总经理，且后者同时兼任管理委员会主席一职，而中心的救护人员除了个别管理者外，绝大多数是选拔于基层一线的兼职义务服务人员。在培训课程设置方面，中心针对不同级别的救护人员开设了差异化的培训内容，如高级救护人员特种技能培训、耐热和工作负荷测试等。

另外，在国家层面，根据《矿山安全法》的规定，凡是符合条件的矿区都要设立矿山救护队，具体标准是拥有 100 名以上矿工的矿区必须建立一支 5 人规模的救护队，人数达到 700 名以上的则必须建立两支规模约 10 人的救护队[41]。

3. 处罚严厉，赔付妥当

南非安全监察人员拥有较强势的权力，企业的任何违反监察员合理、合法指示以及妨碍监察员执行公务的行为均会被视为触犯法律，其后果是轻则处以罚款，重则处以两年以下的监禁，例如，南非政府曾规定在煤矿企业出现人员伤亡事故的情况下，政府先行对企业处以最低 20 万兰特的罚款。当然，监察员执法过程中的公正性和客观性也会受到矿山安全监察局以及工会的双重监督和控制[42]。

同时，为了有效解决煤矿事故发生后的赔付问题，南非所有矿区都被强制纳入工伤保险制度的范围内，并依据事故潜在风险高低以及发生事故的频率实施差别化、动态化的缴费方法，保险费由矿主缴纳。一旦出现煤矿事故，工伤保险管理机构直接出面对伤亡矿工家属进行及时赔偿，这样既避免了补偿资金到位不及时的情况，也通过保险制度的杠杆作用缓解了当事企业的经济压力。

2.3.5 德国煤矿安全管理经验

截至 2013 年，德国以 405.48 亿吨的原煤可采储量位居世界第六位，该储量占世界总

储量的 4.5%，储采比高达 213 年。作为全球煤炭特别是褐煤的生产大国之一，德国矿山安全管理水平也非常之高，百万吨死亡率为 0.04，其主要经验具体如下[43]。

1. 健全法规，促进安全管理

德国煤矿良好的管理得益于政府的高度重视和法规的严格落实，早在工业革命伊始，德国政府就开始关注矿山安全问题，从而为制定相关法规奠定了基础。目前，德国煤矿在安全生产法律、法规的制定上是十分严谨的，体系上也是相对完整的，不仅有作为联邦宪法一部分的《煤炭安全法》，而且各州还出台了自己的法律法规。从德国对安全的理解来看，除了一般意义上与煤矿相关的防水、防火、防爆的措施，还包含了员工上下班的交通安全以及员工的劳动保健内容，德国的安全科学也因此被称为"实用劳动科学"。

德国实行的是较为独特的安全监督体制，行政与非政府力量结合，双管齐下开展安全监督工作：一方面借助行政力量实施安全监督，以政府机构、区域监察部、行业协会、企业内设机构等为参与主体，另一方面也通过工伤事故保险联合会等社会和商业力量辅助监督。德国有关煤矿安全的法律中明确规定任何煤矿企业都有义务为其矿工进行安全投保，工伤事故保险联合会的工作人员也会随机对煤矿开展巡查和督促其及时治理安全隐患，而一旦发生事故，相关责任人还必须承担巨额赔偿[44]。

2. 救护措施周全到位

根据煤矿安全的相关规定，矿工下井必须遵循安全要求，除工作服、安全帽、探照灯、氧气袋四种基本设备之外，还必须随身携带一个小型发射器用以帮助地面控制中心随时定位矿工位置和掌握井下环境。在井下巷道安全设施方面，除灭火器外，巷道顶部也会设置一些储水塑料容器，以达到在煤矿发生瓦斯爆炸时浇灭火源的目的。巷道内每隔 25 米便配一个强力氧气呼吸装置，用以帮助矿工避免在高浓度瓦斯环境中窒息甚至死亡。德国矿井还启用了自动断电系统，当系统检测到瓦斯浓度超标时就会自动关闭电源以防止引起瓦斯爆炸。在事故发生后，其通信系统也会及时通知监控中心派人紧急救援。

此外，尽管德国并没有完全专职化的救援队伍，但其救援人员的遴选、培训及装备都非常专业。德国对所有救援人员的培训采取了统一的模式，即首先进行基础理论知识和实践技能培训，经考核合格后方可进入专业知识和体能培训环节，而救援队伍中个别专业的救援人员和管理人员还必须参加救援总部的培训。救援人员会定期开展救援演练，且其随身都配有报警装置，接警后必须及时抵达现场或作出响应。除救护队外，矿区的其他人员也都承担着辅助救援的工作。

3. 矿井装备的自动化程度高

全球有很多煤矿安全生产的成功经验，纵观这些安全管理典型案例可知，有效控制重大灾害的重要途径是不断强化技术支撑。德国素以"严谨"著称于世，长期以来都非常重视研究与开发高水平的煤矿安全生产技术，并在生产中不断引进国际领先的安全控制技术，这为德国的煤矿安全生产提供了强有力保障。基于对自身机械制造能力的自信以及对设备安全性能的绝对信赖，德国政府在矿井系统设计之初就充分考虑了安全问题，尽最大力量在存在安全隐患的所有环节都试图通过以机器替代人员的方式减少人为因素影响。例如，德国在副井井口的提升装置中采用全自动无人操作设备，仅设一名巡检员负责监控设备。正是由于德国煤矿实现了高度的自动化管理，故其面临的风险主要是地面火灾事故，其煤矿安全的重点工作也已经从事故的应急救援转向了矿工的职业健康保障[45]。

2.3.6　日本煤矿安全管理经验

历史上，日本的煤矿安全管理也经历了几十年的曲折发展才步入事故低发水平，尽管日本最后一个煤矿——太平洋煤矿于 2001 年底正式关闭，但其管理模式仍为中国提供了宝贵经验。在 20 世纪 60 年代，日本共有矿井约 807 个，产煤量 5630 万吨，煤矿安全问题久治不绝，特别是在 1963 年发生了特别重大的三池煤矿煤尘爆炸事故，导致 458 人死亡和 717 人受伤。然而，在经过政府对煤矿的规范整合和政策引导，矿工自身专业素养的提升，先进技术设备的广泛投入使用这三方面转变之后，日本自 20 世纪 80 年代中期开始再无 3 人以上死亡的重大煤矿事故发生。日本的管理情况大致如下。

1. 矿山安全监察的合法性受到立法保障

日本第一部有关煤矿安全的法律是 1949 年实施的《矿山安全法》，这部法律既规定了矿业权人必须遵守的义务，也明确了矿务监督官作为执法者的权限，包括监察权、紧急命令权和司法警察权。日本的矿山安全监察又分为三个层次：一月一次的驻矿区监督署监察；两月一次的矿山安全监督部监察；一年一次的通商产业省组织的大型煤矿安全活动。在矿务监督人员的执法过程中，一旦确认企业存在违规行为引发事故情况的，可立即行使司法警察权来向司法部门提起诉讼。总之，日本的矿山安全监察工作很早就已置于法制管理的框架中[46]。

2. 矿山安全监察体制健全

日本政府在 1949 年成立了由通商产业省派出的矿山安全局，下设 8 个派驻到重点产煤地区的矿山安全监督部，个别重点矿区还派驻了安全监督署，安全监督部的行政长官由通商产业省任命，其财务纳入国家财政预算管理。这种中央垂直管理体制确保了派驻机构的执法独立性。在 1960 年，日本建立了煤炭技术研究所，并于次年追加了矿务监督官的编制。1964 年，日本政府通过修订《矿山安全法》明确了实现安全管理的自主保安原则，即保护自己、保护同事、不懂的事情就问、不知道的事情不干、遵守规定。1964 年和 1969 年，日本政府还分别成立了矿业劳动灾害防治协会以及矿山安全中心。为了加强国际交流与合作，日本于 1980 年组建了产业技术综合开发机构。1997 年，日本政府又通过重组煤炭技术研究所成立了煤炭能源中心。至此，日本政府建立了政府、安全生产中介、煤矿企业三位一体的矿山安全协同监察体制[47]。

3. 煤炭产业受到国家特殊政策支持

尽管日本属于市场经济国家，但它仍然基于国家战略利益考虑采用计划经济手段对本国煤炭行业给予了充分的保护。具体表现在以下几个方面。

（1）在行政组织架构中对矿山行业的安全监察实施国家垂直管理，而其他一般行业则实施属地管理。

（2）对煤矿产业实施财政补贴政策。日本政府每年都会专门听取有关煤矿安全方面的培训、技术研发、成果转让、设备及工程等预算汇报，并为安全培训每年都要制定 1.5 亿～3 亿日元的预算，而科研经费则由企业和政府按照 1∶2 共同负担。关于煤矿安全设备和工程经费方面，企业和政府分别按照 1∶4 分担。例如，太平洋煤矿在 2000 年总价 17.33 亿日元的设备和工程预算中就获取了高达 13.85 亿日元的政府补贴。

（3）对煤炭产品实施歧视性采购政策。国外进口煤炭价格仅为日本本国煤炭价格的1/3，对日本煤炭市场形成了严重冲击，为了保护本国煤炭产业，日本政府曾经指定了一些用煤企业在采购煤炭时优先采购和使用本国煤炭，并对这些企业进行了其他方式的补贴。然而，随着能源储备战略的实施，日本开始大量进口或到他国开采煤炭资源，而对本国煤炭资源进行战略储备[48]。

4. 企业安全管理以人为本

与德国一样，日本也采用先进的计算机控制技术设备来降低煤矿事故的发生率，在生产线上基本实现了机械一体化操作，矿区调度中心使用计算机对矿井实行远程监控，矿井装有 CH_4、CO 等探测设备以及配备机器人进行巡视，严格监控井下一切不安全行为。企业除了将以人为本的精神落实于硬件设施外，还将其贯穿于企业文化，强调每个人都是主人，都要对煤矿安全负责[49]。

2.3.7 主要产煤国家安全管理经验总结

以上六个国家分别采取了不同的措施来治理煤炭安全问题，并且都取得了显著成效。这些国家在煤矿安全管理方面具有一些共同的特征，那就是注重法律、教育和技术手段的综合运用。下面详细归纳这三方面的经验（表 2-1）。

表 2-1　代表性国家煤矿安全管理经验对比

国家	法律法规	教育培训	技术设备
美国	制定了《矿山法》，修订频率为每年一次	重点支持有关安全和健康的研究；强制实施安全培训	大力推动技术创新；重点提高机械化生产程度
印度	以《矿山法》为基础，同时必须执行有关联合法规	特别制定和颁布了《矿山职工培训条例》	加大对工人在煤矿作业时的防护工作，引进支架、锚杆支护等工具
澳大利亚	建立了严密的法律制度并严格执法；推行潜在事故报告制度	实行认证培训制度，具体由各州相关机构负责考核	生产过程采用机械操作代替人工操作
南非	出台《矿山健康与安全法》；建立政府、雇主、雇员三方委员会监督煤矿	为矿工的教育和培训工作制定严格的标准	虽属于劳动密集型行业，但仍采用先进的技术装备控制风险，如 HS 防瓦斯事故自动抑爆屏障系统、新鲜空气站、救援通信系统等
德国	建立了双轨的安全监督体制；对安全的范畴界定更加严谨、实用	政府主导规范化和统一化的培训工作	提高自动化机械的使用比例
日本	颁布了《矿山安全法》；明确了矿务监督官的法律地位和权限	开设了与健康安全相关的各类课程，如管理课、矿山课、矿害防治课等	坚持以科技为先导和以人为本的安全生产理念

1. 法律法规

法律法规的内容不仅包括相关法令条款的制定、修订和执行，也包括安全管理部门设置和工人的法律保护意识。前述国家都确立了科学立法、严格执法、公正司法的依法管理模式，其安全监察机构较为健全，例如，印度构建了由矿山安全管理总局负责，由矿工、管理者、政府等多方参与的监管体系，在该系统内，5 大矿区的安全工作由矿区一名副总监负责，而其所属的 21 个分区安全监察办事处以及 6 个重点矿区的安全监察办公室则由矿山安全总局指派专人负责（图 2-1）。

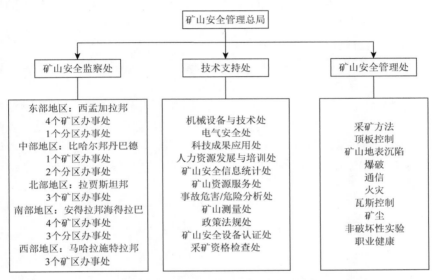

图 2-1　印度矿山安全管理总局机构设置图

资料来源：中国安全生产科学研究院网站

2. 教育培训

历次煤矿事故的经验说明，煤矿安全不仅与机器和环境条件密切联系，更重要的是也与员工的受教育程度密不可分，这些国家员工的受教育程度除了指员工接受的正规教育外，还有对员工进行与生产过程相关的知识、技能、安全规章、操作的培训。尽管通过培训增强员工安全意识来保障安全生产的逻辑显而易见，但现实中员工面对频繁的培训考核也会产生松懈甚至是抵触情绪，因此，为了确保安全培训的效果，很多国家选择了将培训制度以立法形式加以强制执行。在煤矿安全培训方面成效较为显著的当属美国，其矿业安全与卫生监察局及其二级机构全国矿业卫生与安全学会分别负责各州的巡回安全培训和短期集中安全培训，前者是面向矿工开设的有关安全标准、设备操作等方面的免费培训，经费由劳工部预算解决，后者则是面向各级安监员、矿主等管理人员开设的培训。此外，美国还充分利用互联网资源进行网络培训，通过提供在线开放式、互动式的课程和图书资源，让从业者能够快速查询煤矿安全事故调查报告、安全技术标准等档案资料。

3. 技术设备

技术设备主要指的是用于煤矿开采的机械设施、用于保障矿工安全的个人防护设备以及应用的相关安全技术等。安全问题是煤矿生产的永恒主题，而煤矿安全投入作为其中的重要环节更是引发全球产煤国家的高度重视。这些国家一方面采取本国自主研发方式在生产过程中不断实现安全技术升级，另一方面也通过积极开展国际合作引进先进适用技术和管理经验。例如，印度在 1995 年与澳大利亚国际矿山安全培训公司达成了双边协议，通过该公司在印度开展矿山安全管理计划来推动印度矿山效率和安全的提升。

美国作为当前世界煤炭储量最大的国家，其煤矿生产历史证实了安全技术的推广应用与矿难事故发生率有显著的负向关系。美国矿业协会进一步将煤矿安全技术的贡献归纳为以下几点：一是将信息技术广泛应用于煤矿生产与事故预警，提升了安全生产的计划性和隐患排查的预见性，特别是利用计算机仿真技术既可以有效降低煤矿安全风险，也可以在事故发生后模拟救援方案；二是实现了煤矿的高度机械化作业和自动化管理，这不但提高了采煤效率，同时降低了人因事故发生的可能性，如美国不到 10 万的煤矿从业者实际上是以技术工人为主的，他们的主要职责是设备操作；三是使用安全系数更高的长壁开采技术替代传统巷道开采技术；四是积极应用通过矿业安全与卫生监察局下属的技术认证中心质检和认证的新型机电与通风装备以提高采矿安全性，该中心每月会定期公示经过认证的合格设备产品。

2.4　本　章　小　结

本章主要从我国煤矿事故的分类、特点和演化规律，我国煤矿事故频发的成因，以及国外煤矿企业安全管理经验三个方面，对国内外煤矿安全管理进行了横向对比分析。其结论为：首先，我国煤矿安全事故的典型特征表现为发生频次高、波及范围广、伤亡比例高等；其次，我国煤矿安全事故频发的原因既包括宏观经济发展层面的因素，也包括微观煤矿企业管理层面的因素；最后，发达国家的煤矿安全管理经验均表明法律法规、教育培训、技术设备是保障安全生产的必要条件。

第3章 煤矿企业事故损失的评价

3.1 事故损失的概念

在分析企业的安全效益，或者制定关于指导安全工作的决策之前，把握事故对于社会经济和企业生产的影响是非常基础且必要的。因此，就需要对事故可能带来的损失情况进行界定。事故损失指的是企业在生产运作过程中因一种或多种意外事件或因素等对企业造成的相关损失与破坏情况，包括人、物、时间、环境等不同方面。

从损失是否可以用货币价值衡量来看，对事故损失的界定基本分为事故经济损失和事故非经济损失两大类。同时，从损失是否与事故本身直接相关来看，事故损失又分为直接损失和间接损失两种。因此，综合两种分类方式，事故经济损失又可以分为直接性经济损失与间接性经济损失两类，相同的是两者都属于可以用货币价值来估价的损失，不同的是前者指与事故事件直接相联系的即时损失，而后者是指间接相联系的损失。事故非经济损失包括事故直接非经济损失和事故间接非经济损失，相同点是都是不能用货币直接定价的损失。例如，事故事件导致的人的生命健康损失或者环境破坏等不存在直接价值，只能通过间接定价的方法来衡量，这种损失属于事故直接非经济损失范畴，而事故事件对工作绩效成果、企业信誉或是对社会安定的影响等则属于事故间接非经济损失范畴。

从损失责任负担对象来看，可将事故损失划分为三类，即个人层面承受的损失、企业层面承受的损失以及国家层面承受的损失[50]。

从事故发生到损失形成的时间特征来看，事故损失可分为即时损失、事后损失、未来损失三类。即时损失即事故发生时所产生的损失；事后损失即在事故发生之后产生的损失，如关于事故的处理与赔偿问题、歇工或停产问题等；未来损失即那些时间上具有滞后性的损失，如污染问题、恢复生产的设备改造费用以及人员培训费用，等等。

3.2 事故损失的统计分析

伤亡事故的统计分析是指对与事故相关的数据资料进行系统的、大量的收集，通过分析重复现象的数字特征，进行相应的推断来获得本质规律，以便对安全工作进行指导。一般来说，对伤亡事故进行统计分析的作用有很多，不仅可以借助安全指标值来了解某个企业或部门的安全状况，也可以通过事故趋势来把握伤亡事故的变化趋势并进行相关预测，而且可以利用主次分析对问题范围、事故原因进行判断，以更好地制定安全措施[51]。

3.2.1 伤亡事故的统计指标

对伤亡事故进行统计的指标有很多，通常可分为总量指标和相对指标。

　　总量指标是指绝对数字指标，包括事故发生频次、伤亡的人数、损失工作日数、事故经济损失的金额（一般以万元计）以及用以计算相对指标的平均员工人数和主要产品产量（多以万吨计）等。总量指标虽然可以很直观地展现出一个组织或地区的安全氛围，但不同的企业、部门、地区情况不尽一致，不能通过总量指标对事故情况作比较，也很难鉴别安全工作的成效，因而相对指标的使用必不可少。

　　相对指标就是将伤亡情况的绝对数值除以基准总量值所得的比例。伤亡事故统计的相对指标可依据企业员工伤亡事故分类标准确定为以下几个代表性指标[52]。

1. 千人死亡率

　　千人死亡率是指在确定的时间段内，平均每 1000 名企业员工中由安全事故所导致的死亡人数。其计算公式可以表示为

$$千人死亡率 = \frac{死亡人数}{平均员工人数} \times 10^3 \tag{3-1}$$

2. 千人重伤率

　　千人重伤率是指在确定的时间段内，平均每 1000 名企业员工中由安全事故所导致的重伤人数。其计算公式可以表示为

$$千人重伤率 = \frac{重伤人数}{平均员工人数} \times 10^3 \tag{3-2}$$

3. 百万工时伤害率

　　百万工时伤害率是指在确定的时间段内，每 100 万工时期间由安全事故所导致的受伤害人次数。这一指标多适用于行业或者企业的内部事故统计和分析。其计算公式可以表示为

$$百万工时伤害率 = \frac{伤害人次数}{实际总工时} \times 10^6 \tag{3-3}$$

其中，伤害人次数是指受到轻伤及以上伤害的总人次数；实际总工时是指统计期内全体员工（平均数）在其实际工作日天数中按照每日 8 小时工作量计算的总工时数。

4. 百万工时伤害严重率

　　百万工时伤害严重率是指在确定的时间段内，每 100 万工时期间由于安全事故所损失的工作日数。其计算公式可以表示为

$$百万工时伤害严重率 = \frac{总损失工作日}{实际总工时} \times 10^6 \tag{3-4}$$

其中，总损失工作日为统计期内每一个安全事故受伤害者所损失的工作日之和。损失工作日数的计算可以参照中华人民共和国国家标准《企业职工伤亡事故分类（GB 6441—86）》。

5. 伤害平均严重率

　　伤害平均严重率是指安全事故中受伤害的员工平均每人次所损失的工作日数。其计算公式可表示为

$$伤害平均严重率=\frac{总损失工作日}{伤害人次数} \qquad (3-5)$$

6. 百万吨死亡率

百万吨死亡率是按产品产量计算的死亡率,即每生产 100 万吨产品所发生的由安全事故导致的死亡人数。其计算公式可以表示为

$$百万吨死亡率=\frac{死亡人数}{实际产量(吨)}\times10^{6} \qquad (3-6)$$

在上述代表性指标中,百万工时伤害率、百万工时伤害严重率、伤害平均严重率这三个指标一般用来分析不同组织或地区安全管理工作的状态和效果,对于统计分析伤亡事故很有帮助;千人死亡率、千人重伤率这两个指标一般用于向政府部门上报统计资料,虽然方便统计,但不太适合于综合研究;另外,以产品产量计算的死亡率,因其符合一些特殊组织的生产特征且在国际使用中统计口径差异较小,故易于被政府统计报告采纳使用,也易于被研究人员用于综合研究。

3.2.2　伤亡事故的统计方法

对伤亡事故进行统计的方法有很多,大致可以分为两大类,即描述统计法和推理统计法[53]。

描述统计法是对原始资料中数据信息的各种特征进行总体性分析,它是一种对已有资料进行组织、归纳与运用的统计方法。典型的描述统计法如算术平均数、频数分布、图表、标准差、中位数等。

推理统计法是当总体样本过大或很难统计完整时,借助抽样的样本特征实现对总体特征的推断与分析。这种方法的使用目的是帮助人们以数量方式对总体进行表述并得出具有可靠性的结论,一般来说它都会有假设检验的存在。推理统计法的作用包括对总体的假设检验以及对总体的估算和预测两类。

在统计实践中,描述统计法处于较为基础的地位,对推理性统计法起到先导作用。相对而言,推理统计法的重要性则要强于描述统计法。因此,在安全工作统筹、伤亡事故调查以及事故危险情况与等级判定等研究领域,推理统计法的应用更为广泛。

事故统计图表分析法是一种基于概率统计理论,依据事故的大量原始数据探索事故演变规律和趋势,从宏观角度对安全事故情况进行分析,并且通过图表等直观形式反映事故情况的统计方法。这种方法主要是用来明确安全事件的主要矛盾、评测企业或部门的安全工作水平,有助于明确安全工作的核心问题,并且对安全管理工作提供详实可信的数据支持[54]。

1. 代表性的事故统计图表法

1)主次图分析法

所谓主次图分析法,就是在安全工作或者事故分析问题上,借助于图的形式来直观、

有效地确定安全工作主要矛盾的一种分析方法。主次图又称为主次因素排列图,包含直方图和曲(折)线图两种形式,其中的直方图代表的是伤亡事故中某一项目下不同类的因事故受损的频数或者人次数,而折线图中的折点则代表不同分类项各自的相对频数。主次图因其直观性与形象性,可以有效地帮助管理人员分清主次因素,抓住主要矛盾,把握问题根源所在,进而采取措施解决问题。一般来说,主次图分析法的操作步骤主要有以下几点:

(1)对伤亡事故的情况及损失数据进行大量而全面的收集;

(2)明确所需要进行分析的对象,大致可以从伤亡事故的类别、原因、场所、年龄、工种等几个层面进行分析;

(3)对所分析事故涉及的人次数与相对频数进行统计;

(4)作图,依据上述对统计数据的分析画出直方图和折线图,其中,纵坐标代表伤亡事故的人次数或者相对频数,而横坐标则代表分析的对象;

(5)定性分析,通过观察所绘图形寻找问题的主要矛盾,并提出解决方案。

2)事故趋势图分析法

事故趋势图分析法,是指在一个系统内部,通过分析整理以往事故的情况,按照事故发生的时间顺序,将不同时间节点的事故指标相对比,分析不同时期的安全情况并得出事故演变趋势的一种图形分析法。它既可以分析历史上某特定时期的安全状况,又可以根据已知数据预测未来某个时期的事故状况,以便及时制定防范措施。

3)控制图

控制图亦称管理图,是一种可以运用在质量管理工作中对产品质量进行控制的图形分析法。它被应用到事故管理中来,可以对不同时间的安全事件变化实现动态监督与管理,进而有效控制生产中可能出现的伤亡事故,减少伤亡事故出现频率。

工伤事故可以视为一个随机事件,其随机结果的变化符合二项分布,依据概率统计理论可获知该随机变量的期望值或平均值,从而可得到对伤亡事故控制的上界限与下界限,并绘制出伤亡事故控制图。

假设某企业在一定时期内(通常为一年)的平均员工人数为 n,出现伤亡的人次数为 A,将这一时期分为 M 个时间段(通常以月为单位),则可以将每一时间段内发生事故的平均频率(即月平均事故频率)表达为

$$\bar{P} = \frac{A}{nM} \tag{3-7}$$

令 $\bar{P}$ 代表每个员工在一个月内发生伤亡事故的概率,则 $n\bar{P}$ 就可以代表这一周期内伤亡事故的数学期望值(即按月计算的伤亡人次数平均值),进而可得出控制图的中心线以及上、下控制线的数值,表达式分别如下。

中心线:

$$CL = n\bar{P} \tag{3-8}$$

上控制线:

$$UCL = n\bar{P} + 2\sqrt{n\bar{P}}\sqrt{1-\bar{P}} \tag{3-9}$$

下控制线：

$$LCL = n\overline{P} - 2\sqrt{n\overline{P}}\sqrt{1 - \overline{P}}$$　　　　　　　　　　（3-10）

一般来说，在一定时期内，事故发生带来的伤亡数值应该围绕中心线在上、下控制线之间波动。如果数据波动超越了上、下控制线范围则属于异常情况，这时就必须高度重视此种不利变动，分析异常原因并及时采取措施；如果波动趋势呈现周期性，则表示受到某些周期性的因素（如高温、高湿等环境因素）影响；如果数据波动大多处于中心线以下，甚至出现在下控制线下方，则表示触发事故的可能因素在减少，这时应及时总结经验来推动安全管理工作持续良好运行。

4）其他方法

除了上述三种方法外，对伤亡事故进行统计分析时可用的方法还有分布图、圆形结构图、玫瑰图等，因其不常用，故本书不再详细介绍。

2. 伤亡事故统计分析的特殊要求

1）样本容量要足够大

依据伯努利大数定律，随机事件各种结果出现的可能性只有在大样本条件下才能逐渐收敛于稳定的数值，而当样本容量较小时，伤亡事故的统计结果可能就会偏离真实数值，出现较大的失真。通常，在工时数不高于 20 万人·时的情况下，统计的伤亡事故发生频率会表现出显著的不稳定性，并对安全管理决策产生严重影响。但是，在工时数高于 100 万人·时的情况下，统计结果稳定性会极大增强。

在统计分析时，如果选用千人重伤率这一指标，一般应以年作为统计周期，尤其是在那些规模不大的企业。以一个 100 人规模的企业为例，假设员工实行 8 小时工作制且每年按 330 天工作日计算，那么每人每年则有 2640 工时，企业员工总工时为 264000，而如果改用月份作为周期，相应的该指标的统计数值波动性会因受随机因素扰动变大。因此，为增强结论的可靠性，千人重伤率指标应基于年度周期计算而非月份周期。

2）适当设计指标统计口径

在实际的生产中，即使将统计期限定为一年，大多数企业在统计期内的伤亡事故数量也是非常低的，这样的统计指标无益于了解企业真实的安全情况。对此，设计出适合企业实际情况的指标统计口径是十分必要的。

在一些国家，因工伤歇工不足一个工作日的事件也被纳入安全事件统计范围。美国在1970 年 12 月 29 日生效的《职业安全与健康法案》规定：凡是因工伤暂时离岗人员以及虽无离岗但已无法保障满效率或满工时工作的人员，也必须被记录于安全事件的统计和调查之中。一些学者甚至建议将所有因工伤而到医院就诊的人员纳入安全事件统计范围。还有个别学者认为轻微伤害或险肇事故也应该被统计分析，其原因在于这些事件具有诱发重伤或死亡事件的潜在可能性。

3）合理确定随机事件的置信度

安全事故的发生可以看作一个随机事件，其统计指标属于服从一定分布的随机变量，因而在统计分析时，不但要确定随机变量的均值，还需确定一定置信度水平下的置信区间，这样才能准确揭示随机现象的本质特征，并避免在比较安全事故指标时得出不可靠的结论。一般而言，可采用 χ^2 分布来估计一定置信水平下的置信区间。

3.3　事故损失评估及计算方法的研究

3.3.1　事故经济损失计算方法的研究

事故的发生必然带来经济损失，其中由于物质破坏所导致的经济损失是比较容易计量评估的，但对于事故中由人员伤亡所造成的经济损失却很难进行准确计量评估。对此，研究人员开展了大量研究工作以期解决这一关键算法问题。需要说明的是，有关事故经济损失的算法都是建立在实际统计资料基础上的。

要想计算因工伤亡事故造成的经济损失情况，首先必须判定事故属性是否为因工伤亡事故，这里以冶金系统为例进行说明。在 1983 年，原冶金部制定了《关于伤亡事故统计报表填表的说明》，该文件对因工伤事故进行了如下界定："因工伤亡事故系指在规定的生产时间内（8 小时内或经过批准的加班加点时间内），在生产岗位，从事生产活动，由于生产过程中的危险因素所造成的人身伤亡或急性中毒事故；或者虽然不在生产岗位，但由于企业设备或者劳动条件不良，出现自身不能抗拒的人身伤亡或急性中毒事故"。在 2014 年，最高人民法院对工伤认定中较难明确的问题也进行了说明。例如，对于由医疗机构确诊为病死在生产或者工作岗位者，不应计入因工伤事故，但由心脏病等个人疾病引起的如高空坠落等其他伤亡事故则应该计为工伤事故。又如，对于那些在正常工作时间因从事私活而引起的自身伤亡事故，不应该算作工伤事故，但若该情况下诱发的他人伤亡事故则应该计入事故经济损失中。再如，员工在乘坐本单位的通勤车上下班时，因自然灾害或非本人主要责任发生的交通事故应计入事故经济损失，但在骑车上下班过程中的人身伤害事故则视具体情况而定。

此外，相关的规定还包括：

（1）经济损失应该涵盖轻伤事故；

（2）因工伤事故受伤的员工如果在痊愈后又复发，则不再计为经济损失；

（3）因工伤事故彻底丧失劳动能力的，则应从其受伤时间点起直至退休时间点终止作为计算其经济损失周期的依据；

（4）以月度为基本周期，对于当期出现的事故经济损失或因伤休工日等事故信息必须遵循当期上报原则。

在实际的生产活动中，考虑到企业在类型、规模、结构和事故背景等方面的差异性，事故损失不可能有完全统一的计算方法，但是所有企业在计量评估事故经济损失时都应该严格遵循上述统计口径与基本原则。

3.3.2　经济损失的计算标准与划分

在广泛调研因工伤亡事故的基础上，原劳动人事部牵头制定了《企业职工伤亡事故经济损失统计标准》（GB 6721—1986），该标准对统计因工伤亡事故经济损失的范围、原则和方法进行了规定。

　　一般而言，伤亡事故与经济损失往往是相伴而生的，尽管造成的损失程度可能有所差异。而如前所述，事故造成的经济损失又可分为直接性与间接性两类。由于直接性经济损失能够较容易地计算出来，而间接性经济损失相对较为隐蔽，不易直接通过财务账面查询得出，因此，在对两者的统计标准规定方面，不同国家采取了不尽相同的处理方法。

　　1. 国外对伤亡事故经济损失的界定

　　在市场化程度较高的西方国家，保险公司主要负责对事故伤害的赔偿。因此，在这些国家，直接性经济损失通常是指由保险公司赔付的费用，而间接性经济损失则是指企业承受的经济损失。根据 Heinrich 等[55]的观点，间接性经济损失主要涵盖以下 10 个方面。

　　（1）事故受伤害者因无法自由支配时间而导致的时间成本损失。

　　（2）事故相关人员出于对事故的好奇以及对受害者的同情和救助等原因而导致的时间成本损失。

　　（3）伤亡事故造成的工长、监督人员以及其他相关管理人员的时间成本损失。

　　（4）事故中不通过保险公司来支付工资的工作人员导致的时间成本损失，如医疗救护人员等。

　　（5）因事故所导致的企业财物方面的损失，如机器设备、生产工具、生产原料等的损失。

　　（6）事故使得生产受阻而无法如期交货造成的损失，如罚金等。

　　（7）在员工福利制度中规定的所应支付的费用。

　　（8）事故受伤员工在重返工作岗位后，因其工作效率下降所导致的损失以及仍按原标准支付其薪酬的损失。

　　（9）因事故而产生消极情绪或紧张心理人员触发的其他安全事故所带来的损失。

　　（10）事故负伤者停工期间，仍按原人均费用对照明与取暖等进行支付产生的损失。

　　2. 我国对伤亡事故经济损失的界定

　　我国对伤亡事故经济损失的界定可追溯至《企业职工伤亡事故经济损失统计标准》（GB 6721—1986）。在这一标准中，直接性经济损失指的是事故导致的人员生命损失和用于其善后工作的费用，以及事故导致的财产损失，而间接性经济损失指的是由事故造成的生产效率下降、生产资源受损等引致性损失。

　　依据上述划分标准，可将我国的事故经济损失范畴归纳如表 3-1 所示。

表 3-1　伤亡事故经济损失的统计范围

直接性经济损失	（1）人身伤亡所支出费用	①医疗费用（含护理费用）
		②丧葬及抚恤费用
		③补助及急救费用
		④歇工工资

续表

		①处理事故的事务性费用
直接性经济损失	（2）善后处理费用	②现场抢救费用
		③清理现场费用
		④事故罚款及赔偿费用
	（3）财产损失价值	①固定资产损失价值
		②流动资产损失价值
间接性经济损失	（1）停产、减产损失价值	
	（2）工作损失价值	
	（3）资源损失价值	
	（4）处理环境污染的费用	
	（5）补充新员工的培训费用	
	（6）其他损失费用	

其中，关于间接性经济损失所涉及的工作损失价值可由式（3-11）计算得出：

$$L = D\frac{M}{SD_0} \tag{3-11}$$

式中，L 为所求的工作损失价值（万元）；D 为事故导致损失的工作日数（日）；M 为该企业上一年的利税值（万元）；S 为该企业上一年平均员工人数（人）；D_0 为该企业上一年的法定工作天数（日）。

由于各国在伤亡事故直接性和间接性经济损失的划分标准上有所不同，故实践中两者的比例会表现出一定的差异。例如，个别在国外被划为间接性经济损失的项目在我国被归类于直接性经济损失项目，这使得我国的直接性经济损失占比相对较高。此外，当对不同的行业进行比较时，这一比例差异也会非常明显。

3. 伤亡事故经济损失的估算方法

由于伤亡事故的经济损失包括直接性经济损失和间接性经济损失两部分，因此在估算总损失时可将这两类损失直接相加求和，公式表达为

$$G_r = G_D + G_I \tag{3-12}$$

式中，G_r 表示伤亡事故的经济损失总值；G_D、G_I 分别表示直接性经济损失和间接性经济损失。

1）伤亡事故直接性经济损失的估算

伤亡事故直接经济损失包括诸多方面，各部分内容估算方法如下。

（1）事故导致的机械设备与生产设施、工具等固定资产损失。

首先确定固定资产年折旧率，其计算方法为

$$R = 1 - \sqrt[n]{\frac{V_{\text{残}}}{V_{\text{原}}}} \qquad (3\text{-}13)$$

式中，R 表示固定资产的年折旧率；n 表示该资产的预期使用寿命（以年计）；$V_{\text{残}}$ 表示资产预估的残值；$V_{\text{原}}$ 表示固定资产原值。

如果事故发生后固定资产已不可修复使用，则损失可表示为固定资产净值与残值之差，即

$$C_1 = V_{\text{原}}(1 - R)^{n'} - V_{n'} \qquad (3\text{-}14)$$

式中，C_1 表示该固定资产的损失价值；n' 表示固定资产已经使用的年限；$V_{n'}$ 表示事故引起固定资产报废后的残值。

如果事故发生后固定资产尚可修复使用，则为了恢复生产需要对受损设备、工具等进行修复，其生产效率也会随之变化，这时的固定资产损失即为

$$C_1 = C_{\text{r}} + [V_{\text{原}}(1 - R)^{n'} - V_{\text{残}}] \times (1 - \eta' / \eta) \qquad (3\text{-}15)$$

式中，C_{r} 表示用于修复固定资产支付的费用；η 和 η' 分别表示事故发生前后固定资产正常使用的生产效率水平。

（2）事故中流动资产的物质损失，如生产材料、生产的产品等。

受损材料的价值计算为

$$C_{\text{m}} = M_{\text{q}}(M_{\text{c}} - M_{\text{n}}) \qquad (3\text{-}16)$$

式中，C_{m} 表示受损材料的经济价值；M_{q} 表示受损材料的数量；M_{c} 表示账面记录的受损材料的单位成本；M_{n} 表示材料受损后的残值。

有关制成品、半制成品和在产品的经济损失可依据式（3-17）计算：

$$C_{\text{p}} = P_{\text{q}}(P_{\text{c}} - P_{\text{n}}) \qquad (3\text{-}17)$$

式中，C_{p} 表示制成品、半制成品和在产品因事故造成的损失；P_{q} 表示受损数量；P_{c} 表示生产成本；P_{n} 表示事故后受损制成品、半制成品和在产品的残值。

结合上述几部分内容，事故导致的生产材料、产品等流动资产的物质损失，可以表示为

$$C_2 = C_{\text{m}} + C_{\text{p}}$$

（3）伤亡事故发生时用于现场抢救伤员以及紧急处理所支付的费用 C_3，按照实际开支数额加以统计。

（4）伤亡事故发生后产生的事故事务性开支 C_4，按照实际开支数额统计。

（5）伤亡事故发生后所支付的罚款、诉讼费以及伤亡赔偿等损失 C_5，按照实际开支数额统计。

（6）因事故导致的人员伤亡善后处理费用，包括所支付的丧葬费、医疗护理费用，以及给予伤亡者家属的抚恤金、补助金及救济金等损失 C_6，按照实际开支情况统计。

（7）事故发生导致的员工歇工工资损失，即事故后员工歇工却仍为其支付原工资水平的损失，可表示为

$$C_7 = \sum_{i=1}^{n} MT_i \tag{3-18}$$

式中，C_7 表示用于支付员工歇工工资的损失；n 表示事故发生后歇工员工数量；M 表示员工虽歇工仍支付的工资水平；T_i 表示某位员工因事故所损失的工作日数。

综上所述，伤亡事故的直接性经济损失（以 G_D 表示）的计算可表述为

$$G_D = C_1 + C_2 + C_3 + C_4 + C_5 + C_6 + C_7 \tag{3-19}$$

2）伤亡事故间接性经济损失的估算

结合前面的分析，伤亡事故的间接性经济损失包含多方面内容，以下分别给出相关计算方法。

（1）停产及减产损失，指的是事故导致的生产中止及产量下降的损失，计算这一损失的公式为

$$C_8 = \beta D \gamma \tag{3-20}$$

式中，C_8 表示事故导致的生产中止及产量下降的损失；β 表示按原生产安排单位产量的预期净收益；D 表示事故导致的工作时间损失；γ 表示企业在事故前原本的生产率水平。

（2）新增员工的总培训费用，也就是为保证继续生产而新招聘员工培训与教育支付的费用损失，其公式表达为

$$C_9 = \alpha m + \beta n \tag{3-21}$$

式中，C_9 表示新招募员工培训费用的总支出；α 表示新增技术工人的边际培训支出；m 表示新增技术工人的数量；β 表示新增技术人员的边际培训支出；n 表示新增技术人员的数量。

（3）事故导致休工过程中的劳动价值损失。

根据学者研究发现，损失工作日的计算公式为

$$D = D_z + KD_g \tag{3-22}$$

式中，D 表示伤害事故导致损失的工作日天数；D_z 表示伤害事故所需的治疗时间；D_g 表示伤害部位的最大功能值（也称功能值）；K 表示伤害折算系数。

那么，事故导致休工的劳动价值损失的计算，可依据式（3-23）：

$$C_{10} = D_L T_E / (NH) \tag{3-23}$$

式中，D_L 表示事故导致的正常工作期间的休工日总数；T_E 表示企业在上年度的利税总值；N 表示企业上年度的员工人数；H 表示企业法定工作日总数。

（4）事故造成的自然资源经济价值损失可通过式（3-24）计算：

$$C_{11} = P_i \sum_{i=1}^{n} Q_i \tag{3-24}$$

式中，C_{11} 表示事故发生对自然资源造成损失的价值；P_i 表示事故导致的被污染或破坏的物种的市场价格；Q_i 表示某自然资源产品因受第 i 类污染或破坏而损失的数量；i 表示自然资源受污染或破坏的程度，分别以 1、2、3 三类等级反映轻度、重度和严重的破坏程度。

（5）事故产生的环境污染处理费用 C_{12}，依据实际产生的费用来核算。

综上所述，伤亡事故间接性经济总损失以 G_I 表示的计算公式可以表达为

$$G_I = C_8 + C_9 + C_{10} + C_{11} + C_{12} \tag{3-25}$$

然而，在实际的生产过程中，伤亡事故导致的间接性经济损失中很多的子项目是难以进行精确统计计算的。因此，人们在实践研究中试图放弃对间接性经济损失的直接估算，而是转向借助直接性经济损失情况来测算相应的间接性经济损失价值，进而全面掌握伤亡事故的总经济损失状况。

3.3.3　事故非经济损失的价值化估算方法研究

如何使人的生命与健康得到充分保护是安全工作最基础的意义所在，而安全科学技术的研究目的就是保障生产与工作的安全进行，降低人员伤亡和职业病的发生频数以及尽可能降低事故所造成的财产损失以及对环境产生的危害。在实现安全目标和评估安全工作成效过程中，安全效益的价值衡量是无法回避的重要问题。

从事故及灾害对社会经济的影响特征来看，损失后果因素根据是否可以直接用货币衡量分为两类：一类是有形价值因素，如设备、房屋等可直接用货币衡量的事物；另一类是非价值因素，如人的生命、健康以及生活环境等无法直接货币化的事物。在安全经济学的研究中，只有对有形价值因素和非价值因素同时进行客观、准确的测算，才能全面把握并评价事故发生对社会经济所带来的影响。考虑到不同系统之间的相互联系，同时为了全面综合考察事故或灾害的影响情况，对上述两类因素的考察需要一种统一的测定标准，最基本的方法就是统一用货币价值进行度量。于是，如何实现对事故非价值因素损失的价值化评估成为一个极为重要的技术问题，值得探讨与研究。现阶段，关于事故非经济损失价值化估算方法的研究理论有很多，以下将从国内外两个角度进行简单介绍。

1. 国外的理论

美国知名经济学家泰勒从职业安全的角度进行了相关研究，通过对比分析高死亡风险职业结果发现：当考虑到工作过程可能带来的生命危险时，人们更希望从雇主那里获取更高的风险溢价，也就是说人们在一定死亡风险临界水平下愿意从事与其生命价值相等价的风险性工作，而这一生命价值大约相当于 20 世纪 70 年代的 34 万美元水平。

英国学者 Smdair 基于本国三个不同行业的统计数据，从效果成本视角比较分析了其在预防与控制工伤事故方面的支出差异，进而提出了通过考察企业在防止员工伤亡方面愿意承受的经济代价来估算生命内含值的方法。

美国学者布伦奎斯特提出了一种时间价值推算生命价值评估法，他通过深入研究汽车安全带的使用情况，认为人们对于安全带作用的态度及投入的时间反映了其对生命安全代价的重视程度，并据此推算出人们可以接受的生命价值大约为 26 万美元。

1984 年，美国经济学家尼克斯出版了《洁净空气和水的费用效益分析》一书，书中提出在评估环境风险时，若需要对生命的个体价值进行测算，那么其价值取值下限和上限分别是 25 万美元和 100 万美元。

美国知名环境专家 Ortolano 在其出版的《环境规划与决策》一书中介绍了一种公众咨询推算评估方法，也就是通过采取向公众征询的形式来确定研究对象愿意为规避死亡风险而支出的最高代价。例如，如果想乘坐更为安全的飞机意味着需要支出更多的费用，那么，通过征询估算的人的生命价值处于数量级差异较大的数万美元至 500 万美元不等。

"延长生命年"评估法是国外较为流行的一种理论，也就是说人一生的生命价值等于他每延长生命一年的经济价值的总和。人的生命价值受到年龄、职业、教育和经验等因素的影响而表现出一定的差异性。例如，一个六岁小孩的生命价值，取决于其家庭收入状况、其学业状况、预期受教育程度以及未来职业倾向等因素，如果预测他在 21 岁的时候可能成为一名年薪 2 万美元的会计师，那么可以用给定的贴现率得出他现期的生命价值。

诺贝尔经济学奖得主 Modigliani 曾提出生命周期假说，他将人的生命分为工作时期和退休时期，且认为 18～65 岁的努力工作和储蓄是为了在退休时期保持个人福利水平不会出现大幅降低。因此，要对人生每一个年龄段的生命价值用不同的方法来计算。他指出，人在未成年阶段应该以其未来的预期收入为计算依据，退休后的阶段应依据其退休后的消费水平来判断，而其在工作阶段则应该以其若干年内的工资收入波动趋向为估算依据。上述三个阶段的计算方法标准不同，所代表的生命价值内涵也不相同，它同时涉及一个人的生产价值和消费水平。

2. 国内的理论

在 20 世纪 80 年代我国的公路投资可行性论证中，一些学者将人生命死亡和受伤的估值分别定为 1 万元和 0.14 万元，以其作为计算投资效益比的主要依据之一，然而伴随着社会的发展，该标准已经显著提高。

我国曾提出一种人力资本评估法，即通过核定员工在工作中实现的价值增值即总贡献值来对其生命价值进行近似估算，公式如下：

$$V_H = \frac{D_H P_{V+M}}{ND} \tag{3-26}$$

式中，V_H 代表人的生命价值（万元）；D_H 代表人寿命周期内的平均工作天数，一般设定为 12000 天；P_{V+M} 代表该企业上一年的净产值（万元）；N 代表该企业上一年平均员工人数；D 代表企业上一年的法定工作天数（通常以 300 天计）。式（3-26）将人的生命价值视为其正常预期生命周期内所能创造的经济价值之和，包括实际生命周期内已经创造的价值和因事故死亡后本应能够继续创造的价值两个部分。从人的生命价值的组成来看，大体包括两大类，一类是满足劳动力再生产与正常生活的那部分生活资料价值，另一类是其对社会贡献的那部分价值增值，具体来说指的是劳动力所获取的工资报酬、福利津贴、所纳税金额以及企业利润等指标。因此，以单个员工日净产值 50 元为例计算，则单个员工的生命价值约为 60 万元。

关于人身保险赔偿金的核算问题，有学者提出了对生命价值客观合理定价的方法，其本质是通过保险金额的大小来对生命进行估值。具体方法是在投保人投保时先由其本人报出投保金额，然后再由保险人依据投保人的收入、工作、生活等综合经济能力进行评估确认，若投保金额适当且投保人身体健康则接受投保。对于保险金额的确定，应该同时满足保险双方的利益需求，实现需求性与可能性的统一。

　　20 世纪 80 年代，我国在评估企业安全时提出了事故经济损失和人员伤亡的等价评分定级法，即死亡一人等同于经济损失 10 万元并计 15 分；重伤一人等同于经济损失 3.3 万元并计 5 分；轻伤一人等同于经济损失 0.1 万元并计 0.2 分。该法以绝对的货币价值对人的生命和健康价值进行了量化。

3.3.4　事故损失计算方法的研究

　　事故损失由经济损失和非经济损失两部分构成，因此缺失对这两类损失任何一方面的分析都是不完整的和不科学的。但是，有时在对非价值对象进行损失评估时，价值化估算方法的有效性却值得商榷，如事故发生对企业形象和信誉造成的负面影响。因此，合理评估事故损失具有重要的理论和实践意义。针对这一问题，本书提出基于层次分析法的事故损失评价方法。

　　依据相关研究，可以构建如图 3-1 所示的层次分析模型。

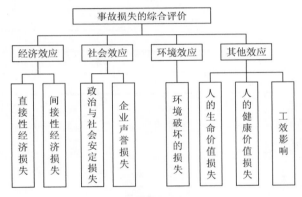

图 3-1　事故损失层次示意图

　　在事故损失各层次因素逻辑关系确定后，对相邻层次的诸因子之间逐一进行重要性的对比判断，然后依据研究所设定的量化标准确定其标度值，通过构造相应的比较判断矩阵，进而对该矩阵实施一致性检验。有关标度含义以及平均随机一致性指标 RI 如表 3-2 和表 3-3 所示。

表 3-2　判断矩阵标度及其含义表

标度	含义
1	说明两因素相比时，其重要性程度是相同的
3	说明两因素相比重要性相同时，一个因素比另一个重要性稍高
5	说明两因素相比重要性相同时，一个因素比另一个重要性明显高一些
7	说明两因素相比重要性相同时，一个因素比另一个重要性更为强烈
9	说明两因素相比重要性相同时，一个因素比另一个重要性更为极端
倒数	当因素甲、乙相比时，如果甲比乙的重要标度为 I，乙比甲则为 $1/I$
说明	如果两个因素相比，其重要性处于两标度之间，则可用 2、4、6、8 来表示

表 3-3　随机矩阵平均随机一致性指标 RI 表

表 3-3　随机矩阵平均随机一致性指标 RI 表

阶数	1	2	3	4	5	6	7	8	9	10
RI	0	0	0.58	0.90	1.12	1.24	1.32	1.41	1.45	1.50

假设 30 位专家分别依据判断矩阵标准标度含义确定两两判断矩阵，令 b_{ij} 表示每位专家给出的判断值，则所有专家的平均判断值 $\overline{b_{ij}}$ 可由式（3-27）计算得出：

$$\overline{b_{ij}} = \left[\frac{\sum\limits_{k=1}^{30} b_{ij}}{30} + 0.5 \right] \tag{3-27}$$

式中，"[ ]"表示对括号内数字取整数。

于是，B 层各因素 $B_1 \sim B_4$ 相对因素 A 的判断矩阵 $A \sim B$ 如表 3-4 所示。

表 3-4　$A \sim B$ 判断矩阵

A	B_1	B_2	B_3	B_4
B_1	B_{11}	B_{12}	B_{13}	B_{14}
B_2	B_{21}	B_{22}	B_{23}	B_{24}
B_3	B_{31}	B_{32}	B_{33}	B_{34}
B_4	B_{41}	B_{42}	B_{43}	B_{44}

设 M_i 表示上述矩阵所对应各元素的乘积（$i=1, 2, 3, 4$），计算 M_i 的 4 次方根 $\overline{W_i}$，对 $\overline{W_i} = [\overline{W_1} \quad \overline{W_2} \quad \overline{W_3} \quad \overline{W_4}]^T$ 进行正则化：

$$W_i = \frac{\overline{W_i}}{\sum\limits_{j=1}^{4} \overline{W_i}} \tag{3-28}$$

则 $W_i = [W_1 \quad W_2 \quad W_3 \quad W_4]^T$ 即为所求特征向量。判断矩阵的最大特征根为 λ_{max}，取 $V = BW$，则

$$\lambda_{max} = \sum\limits_{i-1}^{4} \frac{V_i}{nW_i} \tag{3-29}$$

在进行层次分析时设定一致性指标 $\mathrm{CI}(4) = \dfrac{\lambda_{max} - 4}{3}$，同时借助随机一致性比率 $\mathrm{CR} = \dfrac{\mathrm{CI}(4)}{\mathrm{RI}(4)}$ 来衡量所得判断矩阵的一致性。如果 $\mathrm{CR} < 0.10$，则说明判断矩阵是显著一致的；否则，认为其是不一致的。那么需要重新对各因素之间的重要性情况进行判断对比，从而得出新的判断矩阵，直到检验得出满意一致性。同样的方法，可以得到其他相关判断矩阵，并对各判断矩阵的一致性分别进行检验，进而得出检验结果。

最后进行层次总排序，如表 3-5 所示。

表 3-5　总排序表

层次 A 层次 B	B_1，B_2，B_3，B_4 b_1，b_2，b_3，b_4	B 层次总排序权
C_1	C_{11}，C_{12}，C_{13}，C_{14}	$\sum\limits_{j=1}^{4} b_j C_{1j}$
C_2	C_{21}，C_{22}，C_{23}，C_{24}	$\sum\limits_{j=1}^{4} b_j C_{2j}$
⋮	⋮	⋮
C_8	C_{81}，C_{82}，C_{83}，C_{84}	$\sum\limits_{j=1}^{4} b_j C_{8j}$

这时，C_i 的总排序值为

$$C_i = \sum_{j=1}^{4} b_j C_{ij}, \quad i = 1,2,3,\cdots,8 \tag{3-30}$$

当 C_i 与 B_j 无联系时，$C_{ij}=0$。

设 B 层次某些因素对于 B_j 的单排序一致性指标为 CI_j，平均随机一致性指标为 RI_j，则 B 层次总排序随机一致性比率为

$$\mathrm{CR} = \frac{\sum\limits_{j=1}^{4} B_j \mathrm{CI}_j}{\sum\limits_{j=1}^{4} B_j \mathrm{RI}_j} \tag{3-31}$$

只有当 CR 符合要求时，才可以认定所得层次排序具有良好的一致性；否则，该层次排序结果不满足一致性要求，必须重新构造新的判断矩阵并通过一致性检验直至其符合要求，至此才能判定总体的层次排序满足一致性要求。

最后，在明确了处于最底层的方案层各因子相对于处于最高层的目标层的重要性后，即确定了各项事故损失的权重。同时，基于所得的权重数据，便可根据某一已知损失数值推算出事故的损失情况。结合前面所提及的事故损失估算方法，通过对事故直接性经济损失与间接性经济损失的初步核算，可得到事故损失为 $L_\mathrm{T} = \dfrac{G_\mathrm{D}}{W_1}$ 或 $\dfrac{G_1}{W_2}$。

3.4　本 章 小 结

对于事故损失的准确统计、合理分类和科学评估已经成为煤矿企业实现安全管理和安全投资的重要基础性工作。本章首先介绍了事故损失的含义，把事故损失划分为经济损失和非经济损失，并对各自涵盖的损失范围进行了细致的描述；其次，对伤亡事故所涉及的相关统计指标与基本统计方法进行了介绍；最后，分别讨论了直接性经济损失和间接性经济损失以及非经济损失的评估方法，并提出了伤亡事故损失估算的基本理论模型。

第 4 章 煤矿事故致因机理研究

我国煤矿事故频发的重要原因之一是人们对煤矿事故内在机理的认知较模糊,缺失系统的理论支撑和指导,从而无法全面地对煤矿事故产生的本质原因进行剖析以及无法对煤矿事故风险进行有效的预警防控。

4.1 煤矿事故致因分析法的发展

事故致因理论至今已经有近 100 年的发展历史,在此期间,人们不断加深和扩展对该理论的认识与研究。随着信息化的纵深发展,现代生产工艺特征表现为生产设备的高集成化、超细分化,人员、设备和信息流的密集化,重大危险源的超大能量化,以及操作模式的高信任度,因此安全生产系统已发展成为一个具有开放性和复杂性的宏观巨系统。

事故致因理论是基于众多代表性事故案例而形成的事故机理分析模型,随着科技的不断进步,事故形成的根本规律发生了改变,人们对事故致因的认识也在不断发展。目前,该理论体系包含了 10 余种具体的事故致因模型,其中最典型的有事故频发倾向理论、事故因果连锁理论、能量异常转移理论、轨迹交叉理论和系统安全理论。

事故频发倾向理论由英国的 Greenwood 等[56]于 1919 年提出,经过 Chamber 和 Farmer 于 1939 年的进一步拓展而形成。该理论认为在工作内容和工作环境不变的情况下,一些人属于易诱发事故的事故倾向者,他们是造成工业事故的主因,如果能够依据性格分析将此类人群加以识别和不予雇佣,则可以有效降低工业生产中的事故风险。显然,该理论将人因视为事故致因的关键,但后续的诸多研究表明事故倾向者并不真实存在。

事故因果连锁理论是由美国的 Heinrich[57]于 1941 年提出的,也称多米诺骨牌理论。他认为伤亡事故的形成是遵循一定的因果逻辑顺序发生的一系列事件的后果。他以 5 块多米诺骨牌来描述该理论的核心,即当第一块牌倒下后会使得之后的牌依次倒下,而最后一块牌就是伤害。该理论隐含了事故致因的一个重要概念——事件链,这为其他学者的深入研究奠定了基础。

能量异常转移理论由 Gibson 于 1961 年提出,并由 Hadden 于 1966 年加以发展。该理论将事故的发生视为非正常和非预期的能量转移,这些不同形式的能量是伤亡事故的直接原因。因此,必须通过管控能量或其载体来预防和规避事故风险,其有效控制方式是屏蔽能量。

轨迹交叉理论指出,事故的发生是人的不安全行为(或失误)和物的不安全状态(或故障)共同作用的结果,即事故是人和物两大直接原因的交汇点。因而,若要预防事故的发生,就需要采取一定的措施防止人和物在时空运动轨迹上出现交叉。该理论还认为诱发事故的本质原因在于管理欠缺。与轨迹交叉理论相似的是危险场理论,危险场是指人体可能受到危险源伤害的时空范围，该理论在辐射、冲击波、毒物、粉尘、声波等领域使用广泛，常被用于研究事故模式。

系统安全理论由美国在 20 世纪五六十年代研制洲际导弹的过程中提出，它是基于控制理论中的负反馈概念而逐渐发展起来的。系统安全是指在系统生命周期内综合运用管理和工程方面的基本原理识别危险源头并最小化系统风险，从而实现系统在既定的性能、时间和成本约束下保持最优的安全状态。该理论认为人的感官接收机械和环境的信息并将其反馈到大脑，如果大脑能够正确地认知、理解、判断、行动，那么就可以降低事故风险；反之，如果这些环节中的任何一环出现错误，就会引发伤亡事故。

20 世纪 60 年代后，科技的发展使得生产工艺和设备以及产品日趋复杂化，尽管信息论、控制论和系统论等学科已经相当成熟并得到了广泛应用，但它们却难以解决复杂系统中的安全问题。在此背景下，Benner[58]提出了著名的扰动理论，即事故是事件链中以扰动为开端而以伤害为终止的动态过程；Johnson[59]提出了“变化-失误”模型；Reason[60]提出了人因事故原因模型；张力等[61]提出了复杂人-机系统中的人因失误事故模型；何学秋等[62]提出了流变-突变理论；赵正宏等[63]和董希琳[64]分别提出了实用事故模型及有毒化学品泄漏事故模型；魏引尚等[65]提出了瓦斯爆炸突变模型；赵宝柱等[66]提出了个人因素事故致因模型；苑春苗等[67]提出了基于 BP 神经网络的事故致因分析法；国汉君[68]建立了内-外因事故致因理论。学者们分别从不同的学科领域和视角探究了事故发生的内在机理，进而构建了丰富的事故致因模型。这些理论可以在一定程度上解释事故的原因，并提供有效的理论和方法指导来预警和管理安全风险，故在保障人民的生命和财产安全方面发挥了重要作用[69]。

但是，上述理论均存在着与生产实践结合不够紧密等缺点，因而在事故致因分析和风险防控的应用过程中存在一定障碍。结合我国煤矿生产实际情况，科学且因地制宜地构建符合我国煤矿安全特点的事故调查、分析、防控管理体系，进而保障我国煤矿的安全生产，是各级政府和相关人员必须高度重视的问题。当前，经过长期的发展，煤矿事故综合分析法已作为一种相当完善的方法而被广泛接受和应用[70]。

早期的煤矿事故致因分析法将重点放在人的不安全行为和（或）物的不安全状态等事故表层原因上，未进一步挖掘其内在的深层原因，如技术、教育、管理等因素，这就使得早期的煤矿事故致因分析过于肤浅化和笼统化，进而致使相应的对策和建议不够具体，难以实现对煤矿事故的有效预防和控制，并不能真正改善煤矿事故频发的严峻形势。

随着煤矿事故发生机理研究的不断深化，人们逐渐意识到从单一的人或物角度解释煤矿安全事故的发生是不全面的。于是，基于多维度分析矿难事故发生机理的煤矿事故致因综合分析法应运而生，该方法将煤矿事故视为人、物体、环境、管理等多种因素综合作用的结果。

综合分析法的分析结论将避免以偏概全的现象，该方法对我国煤矿事故致因模型研究具有重大理论和应用价值，但是该方法也有一定的局限性。在分析煤矿事故原因的过程中，综合分析法能够从多视角、多层次出发对煤矿事故诱发因素进行综合性的归纳分析，但易导致各因素之间层次逻辑关系模糊，主次关系不清，不能明确区分煤矿事故发生的本质性原因。此外，伴随着科学技术的进步与发展，引发煤矿事故的因素也处于动态变化之中，各种因素的作用力量此消彼长，甚至一些尚未认知的新生因素也日益成为主要的事故诱因。因此，为了将煤矿安全风险降至最低，使煤矿工人的生命安全以及国家和企业的财产安全得到充分保障，必须深刻反思和及时总结煤矿事故的本质性原因及与其他因素的关联关系，因地制宜地构建与我国生产实践和安全管理现状相适应的煤矿事故致因理论。

在煤矿生产过程中，一旦该相对独立的系统受到某种因素影响而出现临时或长时甚至永久性中断运行，或系统中的人或物受到非预期性伤害，则可以称为煤矿事故。通常，依据煤矿事故的特征和演进规律，可以将其主要诱发原因归结为人员、设备、环境、管理和信息五个方面。事故的发生取决于既定时空条件，且对生产系统有可能产生两种截然相反的影响：或避免同类事故的再现，或强化事故隐患并触发其他事故。五个诱发因子具体说明如下。

（1）管理因子。整个煤矿生产过程中与安全控制相关的因素。该因子的相对稳定性只是表面现象，实际上却受环境的影响而处于不断变化的状态，能够诱导危险因子的产生。

（2）人员因子。整个煤矿生产过程中与人相关的因素。人员自身在知识、技术、观念、情感等方面的缺陷会导致其在煤矿生产过程中发生一定的不安全行为或态度，进而可能引发煤矿事故。

（3）信息因子。整个煤矿生产过程中协调和控制人、物及环境的因素。该因子的内在缺陷也会导致人、物及环境的失衡，进而引发煤矿事故。

（4）设备因子。整个煤矿生产过程中与物相关的因素，主要指设施设备。煤矿生产装备因老化或不完备而使其安全性能下降时都可能引发煤矿事故。

（5）环境因子。整个煤矿生产过程中输入生产系统的内、外部环境因素。恶劣的矿井地面环境或地下工作面条件均会加大煤矿安全风险。

管理因子、人员因子、信息因子、设备因子和环境因子都是动态的，它们会随着时空条件的改变而表现出各异的状态，且都属于危险因子的形成基础。

上述因子并非绝对的危险因子或正常因子范畴，而是会在两者之间进行转化。当煤矿生产正常运转时，它们都在自身的受限区域内运动，属于正常因子，而一旦超越该约束范围，就会转变为危险因子。但随着临界条件的改变，在外部力量或内部力量的作用下，危险因子亦会重新回到可控范围内而变为正常因子。

诸因子间更为具体的动态交互影响及转换机理可描述为：受自身意识、技能、反应、身体状况、经济状况、环境等众多因素的影响，人员因子通过自我调节来控制自身行为，从而使其保持偏向平衡的正向或偏离平衡的反向约束范围。又由于该系统具有开放特征，反向控制可以使系统在内外部能量交换过程中达到新的平衡状态，然而人员因子亦可能因不可控而由非危险因子演变成为危险因子，或因系统自组织和协调等原因反向转化成为可控的安全因子。由于煤矿生产有赖于能源投入，因此能源的稳定性和可控性会影响环境因子。管理水平、资料完备性、信息精确性、信息处理过程和危险信息辨识情况都会影响信息因子。瓦斯含量、安全设施投入情况、通风条件、设备状况等均会对设备因子产生影响。

与此同时,系统外界的环境也会影响人员因子、信息因子、设备因子和环境因子,从而对危险源的出现产生正向或逆向刺激。通常,诱发危险因子的力量在煤矿这一复杂生产系统中表现出非线性的特征,且危险因子一般有单因子、双因子和多因子三种作用方式。当单因子的影响力量超越临界值时便会形成突变并引发事故。对于双因子和多因子,按照其作用属性可进一步划分为三类,即物理作用、化学作用和生物作用。当其各因子的共同影响力量处于危险预警值的可控范围内时,系统的危险信息会激发或阻碍事故的发生,而一旦超越预警值则会诱导事故的发生。

4.2　煤矿事故致因机理的逻辑框架

每起煤矿事故的发生都会带来或多或少的损失。事故发生带来的最终损失并不是发生后直接形成的,而是首先形成一定程度的人员伤亡和财物损坏的初始损失,然后经过应急救援才形成了事故造成的最终损失。由于初始损失往往是难以人为控制的,因此人们要做的就是采取积极有效的应急救援行动,尽可能地缩小初始损失与最终损失间的差距。

基于前述分析,本书提出了更契合我国煤矿生产特点和安全管理现状的事故致因框架(图 4-1),即认为人员、设备、环境、管理和信息等因子均会导致某种不安全行为和状态,进而引发事故并形成损失。

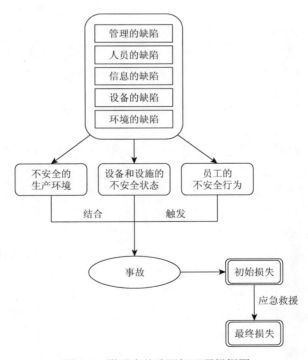

图 4-1　煤矿事故致因机理逻辑框图

数据统计表明,95%以上的煤矿事故属于可控事故,即绝大多数的事故可通过科学管理加以有效防控,只有少数由突发因素引起的事故属于难以预期和控制的。本书中,关于事故致因机理的分析主要是面向可控煤矿事故。此外,煤矿事故的发生并不一定必须由人员、设备、环境、管理和信息五大因子共同出现问题而引起,事实上,任何两个或三个因子的缺陷都有可能诱发事故。因此,不同的煤矿事故必须考虑其自身差异性。本书构建了煤矿事故风险评估指标体系来对各事故因子进行监控和预警,从而实现煤矿安全管理的全程化和流程化。

4.3　案例研究

4.3.1　事故简介

2002 年 6 月 20 日,鸡西矿业(集团)公司某煤矿有关人员入井对煤矿进行质量标准化达标验收。在对西二采区检查验收过程中,部分人员已经检查完毕正在坐车返回,另外一部分人员,包括集团公司总经理及有关处室人员、煤矿矿长、党委书记和随行记者等正在 145 综采队工作面检查工作时,9 时 45 分发生了爆炸事故,造成 124 人死亡,24 人受伤,直接性经济损失达 984.81 万元。

4.3.2　原始分析结果

经事故调查小组认定,事故原因包括如下几个方面。

(1)事故的直接原因是西二采区排水巷局部通风机停风,造成瓦斯积聚达到爆炸浓度,工人启动连锁开关时,开关虚插失爆产生电火花,引起瓦斯爆炸,局部煤尘参与爆炸。

(2)没有正确处理安全与生产的关系,对安全监察机构提出的问题以及安全大检查中发现的问题没有认真整改,留下事故隐患。

(3)矿井用工管理混乱,以包代管。外包队队员没有正式的用工合同,也缺乏有效的安全管理制度,井下作业各自为政、无统一的安全监督管理。

(4)"一通三防"管理混乱,重点瓦斯掘进面(全煤巷道)密闭启封复用后,没有重新制定并落实可靠的通风安全措施。

(5)井下事故区域接送电管理混乱。外包队作业停电、送电无报告,无审批;外包队无专职电工,不懂供电知识的临时工经常随意接电,随意停电;风电闭锁、瓦斯电闭锁随意短接或甩掉。

(6)安全欠账严重,隔爆和安全防护器材配备不齐全。

(7)工人综合素质低,没有经过正规安全培训,无证上岗。

4.3.3　二次分析结果

根据本书提出的煤矿事故致因模型对此次事故的原因重新进行整理和归纳,得出如下分析结果。

1. 直接原因

（1）人的不安全行为。电工违反《煤矿安全规程》规定，将排水巷水泵的风电闭锁甩掉，致使排水巷局部通风机停风，瓦斯积聚超限，当工人启动联锁开关送电时，插销开关虚插失爆产生电火花，引起瓦斯爆炸。

（2）设备的不安全状态。西二采区排水巷局部通风扇出现故障停止通风，造成瓦斯积聚；排水电器设备的防爆性能出现问题，在重新启动时产生电火花，引起爆炸。

（3）不安全的生产环境。通风不畅，瓦斯积聚。

2. 间接原因：人员、设备、环境和信息的缺陷

（1）人员方面。员工素质较低，安全意识差，在生产过程中"三违"现象过多；负责安全管理的部分领导思想松懈，监管不力。

（2）设备方面。安全生产投入不足，安全欠账严重，设备老化、安全性能差，导致矿井防灾抗灾能力下降。

（3）环境方面。井下通风不畅，容易导致瓦斯积聚超标。

（4）信息方面。瓦斯监测员疏于对事故现场瓦斯浓度的监测，未能及时察觉瓦斯积聚的险情；安全检查员疏于对矿井各类安全信息的收集和分析，当事故现场的通风机因故障而停止运转时，安全检查员未能及时发现，使瓦斯积聚成为可能。

3. 本质原因：管理失误

（1）经营者重生产轻安全管理，对安全监察机构和安全大检查中提出的安全问题没有及时认真整改，事故隐患多。在事故发生前的大检查期间，国务院检查组人员对该矿发出了停产整改通知，但经营者仍继续组织生产，以致发生此次特大瓦斯爆炸事故。

（2）安全投入不足，安全欠账严重。煤矿安全监察部门针对该集团公司安全欠账多的情况，先后六次发出整改通知，该矿均以经济困难为由拒绝或推迟整改。

（3）机电管理制度形同虚设，责任制不落实。

（4）矿井用工管理混乱，安全培训工作不到位。

（5）"一通三防"管理和技术管理混乱。

4. 事故

瓦斯爆炸，局部煤尘参与爆炸。

5. 初始损失与最终损失

事故发生时，共有 139 人在井下作业，事故直接造成 115 人死亡，24 人重伤；经过紧急抢救，其中 15 人伤愈，其他 9 人因伤势过重而死亡。此次事故最终导致 124 人死亡，直接性经济损失达 984.81 万元。

4.3.4 两种分析方法的比较

结合上述案例，本书给出了两种分析结果：一种是基于煤矿事故综合分析法得到的原

始分析结果，另一种是基于本书提出的煤矿事故致因模型得到的二次分析结果。

对比可知，两者的共同点是均对煤矿事故致因进行了多视角、多层次的分析，弥补了早期研究只关注事故致因因素中人和物两因素的不足，使得人们能够更系统和全面地掌握煤矿事故的形成机理，从而对煤矿安全风险实施有效管理。

此外，与煤矿事故综合分析法相比，本书建立的煤矿事故致因模型也具有一些独特的差异性，具体表现在以下几个方面。

（1）综合分析法基于人员、设备、环境等多维度全面分析煤矿事故的致因机理，从而保障了分析结论的全面性、深入性和可靠性，而本书则在事故致因分析过程中将信息因素纳入分析框架，从而丰富了事故致因理论成果，增强了理论对现实的解释力度，并为防控煤矿事故提供了重要指导。

（2）尽管综合分析法从多视角探究引发事故的原因，但诸因素之间层次关系和因果关系缺失明确的界定是该分析法的内在缺陷，这使得研究者难以准确把握事故发生的主要矛盾和次要矛盾，极易造成煤矿安全生产管理工作本末倒置、定位不清，造成人、财、物等资源严重浪费，进而有可能削弱政策实施的有效性。与之不同，本书明确认为煤矿事故的本质诱因在于安全管理问题，即管理失误是煤矿安全事故的根源所在，这为煤矿生产者找准安全管理的切入点指明了方向。

4.4　本章小结

本章首先回顾了国内外关于事故致因理论的发展历程，并将其归纳为两个阶段：一是早期的煤矿事故致因分析法；二是煤矿事故致因综合分析法。指出虽然综合分析法比之传统方法更进了一步，能够基于多视角全面分析煤矿事故原因，但它不能揭示诸因素之间的层次结构和主次关系，因而无法说明事故的本质诱因，难以使管理者对潜在的事故威胁加以有效防范和预警。因此，本章探索创新煤矿事故致因模型的新范式，并结合案例研究提出了一个符合我国煤矿生产实践且相对更为有效的事故致因理论框架，实现了对煤矿事故的有效防控。

其次，在深入剖析我国煤矿事故的分类、特点和演化规律的基础上，指出人员、设备、环境、管理和信息是诱发煤矿事故的五个关键因子。本章研究了诱发煤矿事故发生的内在机制，即人员、设备、环境、管理和信息在整个煤矿生产过程中相互影响，并共同作用产生了危险因子，危险因子会在自控和被控的过程中与非危险因子发生转化，当处于一定的时空条件下时便会诱发事故。此外，在借鉴有关研究的基础上，结合我国实际的煤矿事故特征，提出了相应的煤矿事故致因理论，并定义了该框架下事故链条中的基本要素。

最后，应用煤矿事故致因模型对一起典型煤矿事故进行分析，验证该理论的适用性。对比综合分析方法，该模型在层次分析上更为清晰、在原因本质的把握上更为准确，使事故致因分析框架更加系统化和精准化，为煤矿事故预警提供了重要依据。

第 5 章　煤矿事故影响因素灰色关联分析

煤矿事故的发生受诸多因素影响,将关联度方法应用于煤矿事故研究可以识别各因素的影响力大小及主次关系,从而帮助煤矿管理者准确把握安全管理工作的重点和突破口,为煤矿事故预警模型的建立提供重要技术支持,同时为决策制定和实施提供有价值的参考,最终可以实现基于预警的煤矿安全管理体系的科学再造。

5.1　灰色系统理论的适用性分析

在现实存在的诸多系统中,可以分别以"黑"和"白"表征未知信息和已知信息,而介于二者之间过渡区域的信息则以"灰"表征。因此,既包含已知的明确信息也包含未知的不明确信息的灰色区域称为灰色系统。灰色系统理论由邓聚龙于 20 世纪 80 年代初奠基创立,刘思峰等对其不断加以完善和推广,逐渐使其成为一门独特且日臻完善的新兴不确定性系统科学。灰色系统的主要特征在于以不完全信息情境下的"小样本"和"少信息"不确定性系统作为研究对象,采用对既定已知信息的处理和分析提取含有重要价值的信息内容,揭示真实世界的准确表达和本质。目前,以灰色序列生成和灰色关联分析作为基本方法论的该理论体系的主要内容包括灰色代数系统、灰色防城、灰色矩阵等,它通过分析、评估、建模、预测、决策、控制和优化的环节为科学决策提供技术支持[71]。

煤矿事故的发生发展过程就是一个灰色过程,煤矿事故致因因素分析则是一种典型的灰色系统分析。依据前面章节有关煤矿事故致因理论的讨论,易知其影响因素人、机、环、人机匹配和人环适应等都具有不确定性的本质特征,因而通过传统方法识别致因关键所在是极为困难的。理论上,正是影响因素的灰色特征使煤矿安全事故发生的原因表现出一定的差异性,同时其因素识别过程也属于灰色过程。基于这一分析,应用灰色系统理论来解剖煤矿事故发生机理、探索煤矿事故预警规律,从而实现煤矿事故预警管理,就有了科学的理论基础和分析工具。

此外,多种应用型学科的研究也支持煤矿事故系统是一种灰色系统(模糊系统),如安全系统工程理论认为基于人、机、环三维的煤矿系统属于典型的既包含明确信息又包含不明确信息的灰色系统,它没有物理原型,具有主观的本征性特征。理论上讲,对煤矿事故的分析需要建立庞大的数据库,这既是一个长期的系统工程,又需要包含不同类型煤矿、经济社会发展水平、生产力演化、管理体制与机制等大量繁杂的信息采集工作。在现阶段,实现这一分析框架的操作成本十分巨大。

就单一煤矿个体来说,传统上采用的大量问卷调查或访谈调查的方法既耗时耗力,又无法确保煤矿事故致因分析的完备性和科学性,因为问卷调查和访谈调查的最大难点在于"设计",面对煤矿事故这一灰色系统,人为的设计不可避免地带有主观性和前导性。相较而言，建立在关联分析基础上的灰色系统理论能够对单一煤矿安全事件及其原因进行相对有效的分析，其经济价值和理论价值都可以得到充分的保障。

本书在第 1 章进行理论查新的结果显示，目前学界应用灰色系统理论分析煤矿事故的主要贡献是研究方法和研究思路的创新，在煤矿事故致因这一重大理论性问题的分析上，较少见到灰色关联分析方法的应用。同时，结合具体煤矿进行应用性研究并得出实际数据的研究也较少见。本书第 4 章对煤矿事故发生机理的逻辑分析补充和完善了煤矿事故致因理论，在此基础上应用灰色系统理论分析各类事故致因因子则具有较为实用的理论意义。

5.2　煤矿事故影响因素选取原则

通常，影响煤矿安全的因素既包括可量化的定量因素，也包括不可量化的定性因素。就前者而言，可选定其上级指标作为参考序列，而其下级指标作为比较序列；就后者而言，可将该评价指标的最优值作为参考序列，而将专家评分结果作为比较序列。衡量煤矿事故时所考虑的要素是不尽相同的。一般而言，既要考虑产量要素 U_1、死亡人数要素 U_2、百万吨死亡率要素 U_3，同时也要对重伤人数要素 U_4、千人负伤率要素 U_5 等进行分析。鉴于影响煤矿安全的因素属性分为定量和定性两个层次，故煤矿事故影响指标的选择必须符合科学的原则，这些基本原则包括以下几个方面。

（1）系统性原则。在确定指标时，不但要考虑与企业能力密切相关的显性因素，还要考虑对企业长远发展有重要影响的潜在因素。

（2）独立性原则。所选定的指标之间不应该存在明显的交叉或重叠，而对存在相关性又无法舍弃的指标应尽量通过技术方法予以弱化或消除。

（3）可比性原则。所选取的指标应该在各煤矿企业具有一致的统计口径和普遍的适用性，以便在不同矿企进行科学比较。

（4）动态性原则。指标体系应该尽可能多地使用对煤矿企业生产经营状况波动较为敏感和反映其潜在持续发展创新能力的动态性指标，这有助于实时分析和掌握企业的安全生产动态，从而完善其安全系统。

（5）灵活性原则。指标的确定还必须充分考虑煤矿企业自身的资源禀赋、能力状况、战略目标，避免因直接僵化地套用指标而对企业战略实施带来不利影响。

5.3　煤矿事故影响因素灰色关联分析模型的构建

5.3.1　灰色关联分析

煤矿安全系统与社会系统、经济系统和教育系统一样，都属于抽象系统。在该系统内，存在影响系统发展态势的多种因素，这些因素之间相互作用的合力决定了系统发展方向。因此，为不断提升煤矿安全系统的稳定性和促进其健康发展，就必须有效识别影响因素的主次关系以及明确各因素对系统的影响方向和作用力大小。以上都是在煤矿安全事故分析中必须要明确的问题。总之,采用科学的方法对煤矿事故影响因素的重要性进行识别必须建立在系统分析的基础之上。

在统计学中,传统的系统分析方法如回归分析、因子分析、方差分析等都存在一些共同的缺陷,具体包括:①样本容量要求较大,统计结果的可靠性与样本多少存在一定关系;②样本必须服从已知的随机变量概率分布特征,同时要求自变量之间协方差为零且模型可以线性化,而这些苛刻的假定通常难以满足;③求解工作量大,一般必须依托计算机程序运算结果;④有可能出现计量分析结果与实际定性分析结论不一致的情况,使得系统的真实关系和客观规律相背离。

灰色关联分析能够较好地避免传统数理统计分析方法的不足,特别是它不受样本容量大小限制且无须明确随机变量的概率分布特征,同时其运算过程简单,所得结论的可靠性更高。

灰色关联分析作为一种相对更加有效的系统分析方法,其要解决的核心问题是识别影响因素的主次或重要性以及影响方向,并通过这种定量化的分析和比较,为决策者得出可信的结论、作出科学的预测、制定合理的方案,提供有价值的依据。该分析法可以通过对变量间灰色关联度的测度将灰色系统中处于灰色区域的信息关系清晰化,其中灰色关联度的计算是建立在离散方式下的数列距离衡量基础之上的。由于具有计算简便、不受样本容量和数据分布限制、结论失真程度低等优势,灰色关联分析特别适用于数据信息不完整的因素间关系的分析。

将灰色关联分析应用于煤矿事故的目的在于通过对涉及煤矿的有限信息系统进行量化和序化处理发现关键信息。就灰色关联分析本质而言,它是一种全局性、比较性和测度性的分析范式。本书则重点利用该方法揭示影响煤矿安全状态的主要因素和次要因素,从而为事故预警管理指明方向。需要说明的是,依据灰色理论,本书所建立的煤矿事故影响因素灰色关联分析模型属于序关系模型,它并不预先设定具体的数学函数形式。因此,它侧重于从技术内涵视角分析比较序列和参考序列之间数值的相对关系,而非绝对的单一序列数值大小。本书的模型分析内容主要包括:①明确参考序列和比较序列之间的差异信息,构建差异信息空间;②计算序列之间的灰色关联度(或称差异信息化比较测度);③构建因素之间的序关系并进行比较分析。

5.3.2　煤矿事故影响因素集

令 O 表示目标函数中的因变量,即煤矿安全水平, $U_1,U_2,U_3,\cdots,U_m$ 分别表示影响目标函数的各自变量因素,于是目标函数可表示为

$$O = f(U_1,U_2,U_3,\cdots,U_m) \tag{5-1}$$

令一级因素 U_i 所属的二级因素 U_{ij} 为 M_i 个,则煤矿事故致因体系可由图 5-1 描述。

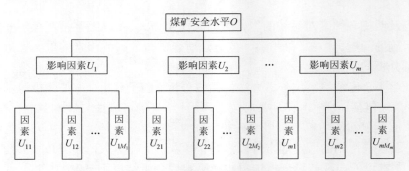

图 5-1   煤矿安全水平影响因素分析体系

令 $\omega_0 = [\omega_i(1), \omega_i(2), \cdots, \omega_i(n)]$ 表示煤矿安全水平 O 的参考值序列，ω_i 表示影响煤矿安全的因素 U_i 的比较值序列。POL(max)、POL(min) 和 POL(mem) 分别表示极大值极性、极小值极性以及适中值极性。通常，ω_0 表示极大值极性序列，ω_i 表示多极性序列，则有

$$\omega_i = [\omega_i(1), \omega_i(2), \cdots, \omega_i(n)]$$

$$\forall \omega_i(k) \in \omega_i \Rightarrow k \in \{1, 2, \cdots, n\} \quad\quad (5\text{-}2)$$

$$i \in \{0, 1, 2, \cdots, m\}$$

5.3.3 影响因素的无量纲化处理

由于影响煤矿事故的因素数量级存在差异，因此必须在消除量纲影响之后进行灰色关联度的计算分析。通常，无量纲化的灰色理论处理方法有以下三种。

1. 初值化生成

所谓初值即序列的第一个数值，用其作为除数去除所有序列数值以得到初值为 1 的新序列，其含义为将 1 作为基本参考点对评价对象进行距离和发展态势分析。

设 ω_i' 为 ω_i 初值化处理后的新序列，则有

$$\omega_i' = \mathrm{INIT}\,\omega_i = [\omega_i'(1), \omega_i'(2), \cdots, \omega_i'(n)] = \left[\frac{\omega_i(1)}{\omega_i(1)}, \frac{\omega_i(2)}{\omega_i(1)}, \cdots, \frac{\omega_i(n)}{\omega_i(1)} \right]$$

$$\forall \omega_i'(k) \in \omega_i \Rightarrow k \in \{1, 2, \cdots, n\} \quad\quad (5\text{-}3)$$

$$i \in \{0, 1, 2, \cdots, m\}$$

2. 均值化生成

所谓均值即序列各数值的算术平均值，用其作为除数去除所有序列数值以得到新序列，其含义为将均值作为基本参考点对评价对象进行距离和发展态势分析。

设 ω_i' 为 ω_i 均值化处理后的新序列，则有

$$\omega_i' = \mathrm{AVG}\,\omega_i = [\omega_i'(1), \omega_i'(2), \cdots, \omega_i'(n)] = \left[\frac{\omega_i(1)}{\omega_i(\mathrm{avg})}, \frac{\omega_i(2)}{\omega_i(\mathrm{avg})}, \cdots, \frac{\omega_i(n)}{\omega_i(\mathrm{avg})} \right]$$

$$\text{AVG}: \omega_i'(k) = \frac{\omega_i(k)}{\omega_i(\text{avg})}, \quad \omega_i(\text{avg}) = \frac{1}{n}\sum_{k=1}^{n}\omega_i(k)$$

$$\forall \omega_i'(k) \in \omega_i \Rightarrow k \in \{1, 2, \cdots, n\}$$

$$i \in \{0, 1, 2, \cdots, m\}$$

（5-4）

3. 区间值化生成

所谓区间值即序列各数值分布范围内的相对值,用其对原序列值进行处理以得到新序列,其含义为在数据本身所限定的区间范围内对评价对象进行距离和发展态势分析。

设 ω_i' 为 ω_i 区间值化处理后的新序列,则有

$$\omega_i' = \text{INTV}\,\omega_i = [\omega_i'(1), \omega_i'(2), \cdots, \omega_i'(n)]$$

$$= \left[\frac{\omega_i(1) - \omega_i(\text{min})}{\omega_i(\text{max}) - \omega_i(\text{min})}, \frac{\omega_i(2) - \omega_i(\text{min})}{\omega_i(\text{max}) - \omega_i(\text{min})}, \cdots, \frac{\omega_i(n) - \omega_i(\text{min})}{\omega_i(\text{max}) - \omega_i(\text{min})} \right]$$

$$\omega_i(\text{max}) = \max_{k}\omega_i(k), \quad \omega_i(\text{min}) = \min_{k}\omega_i(k)$$

$$\forall \omega_i'(k) \in \omega_i \Rightarrow k \in \{1, 2, \cdots, n\}$$

$$i \in \{0, 1, 2, \cdots, m\}$$

（5-5）

5.3.4　极性变换

经过无量纲化后的序列可能还存在指标极性不一致的情况,对此需要通过极性变换将序列指标统一为同一个方向的数值。

1. 极大值极性变换

对于极大值极性序列,变换方法如下:

$$T_u\omega_i'(k) = x_i(k), \quad x_i(k) = \frac{\omega_i'(k)}{\max_{k}\omega_i'(k)}$$

$$\forall x_i(k) \in x_i \Rightarrow k \in K = \{1, 2, \cdots, n\}$$

$$i \in I = \{0, 1, 2, \cdots, m\}$$

（5-6）

2. 极小值极性变换

对于极小值极性序列,变换方法如下:

$$T_l\omega_i'(k) = x_i(k), \quad x_i(k) = \frac{\min_{k}\omega_i'(k)}{\omega_i'(k)}$$

$$\forall x_i(k) \in x_i \Rightarrow k \in K = \{1, 2, \cdots, n\}$$

$$i \in I = \{0, 1, 2, \cdots, m\}$$

（5-7）

3. 适中值极性变换

对于适中值极性序列,变换方法如下:

$$T_m\omega_i'(k) = x_i(k), \quad x_i(k) = \frac{\min\{\omega_i'(k), u_0\}}{\max\{\omega_i'(k), u_0\}}, \quad u_0 \text{ 为适中值}$$

$$\forall x_i(k) \in x_i \Rightarrow k \in K = \{1, 2, \cdots, n\} \tag{5-8}$$
$$i \in I = \{0, 1, 2, \cdots, m\}$$

经过变换后的无极性序列用 x_i 表示，令 $x_0 = [x_0(1), x_0(2), \cdots, x_0(k)]$ 和 $x_i = [x_i(1), x_i(2), \cdots, x_i(k)]$ 分别表示变换处理后的参考序列和比较序列，其中，$i \in I = \{0, 1, 2, \cdots, m\}$。

5.3.5　灰色关联度计算

在计算一级指标灰色关联度的过程中，参考序列 x_0 选定煤矿安全水平，比较序列 x_i 选定其所属一级指标，设 $\varDelta_i(k) = |x_0(k) - x_i(k)|$ 表示 $x_i(k)$ 对 $x_0(k)$ 的偏差，则其灰色关联系数为

$$r[x_0(k), x_i(k)] = \frac{\min_i \min_k \varDelta_i(k) + 0.5 \max_i \max_k \varDelta_i(k)}{\varDelta_i(k) + 0.5 \max_i \max_k \varDelta_i(k)} \tag{5-9}$$

而 x_i 对 x_0 的灰色关联度为

$$r(x_0, x_i) = \frac{1}{K} \sum_{k=1}^{K} r[x_0(k), x_i(k)] \tag{5-10}$$

因此，由一级指标 $U_1 \sim U_m$ 构成的灰色关联度向量为 $[r(x_0, x_1), r(x_0, x_2), \cdots, r(x_0, x_m)]$。

对于二级指标的灰色关联度计算，定量指标集（即所有层次指标均为可量化的指标）可使用一级指标值为参考序列 x_i，二级指标值为比较序列 x_{ij}；定性指标集可使用最优数值为参考序列 x_i，而以测评人依据一定标准所确定的测评值作为比较序列 x_{ij}。

设 $\varDelta_{ij}(k) = |x_i(k) - x_{ij}(k)|$ 表示 $x_{ij}(k)$ 与 $x_i(k)$ 的差异，则其灰色关联系数为

$$r[x_i(k), x_{ij}(k)] = \frac{\min_j \min_k \varDelta_{ij}(k) + 0.5 \max_j \max_k \varDelta_{ij}(k)}{\varDelta_{ij}(k) + 0.5 \max_j \max_k \varDelta_{ij}(k)} \tag{5-11}$$

而 x_{ij} 对 x_i 的灰色关联度为

$$r(x_i, x_{ij}) = \frac{1}{K} \sum_{k=1}^{K} r[x_i(k), x_{ij}(k)] \tag{5-12}$$

5.3.6　相对灰色关联权重确定

本节以上一级指标作为既定参照目标，计算本级指标相对上级指标的灰色关联权重，从而确定本级指标的相对重要性，并依据其数值进行排序，但非同一父指标直接所属的指标权重不具有可比性[72]。

令 x_i 与 x_0 的灰色关联度 $r(x_0, x_i)$ 归一化后为 α_i，则有

$$\alpha_i = \frac{r(x_0, x_i)}{\sum_{t=1}^{m} r(x_0, x_t)} \tag{5-13}$$

于是，向量 $\boldsymbol{\alpha} = (\alpha_1, \alpha_2, \cdots, \alpha_m)$ 就是指标 U 的相对灰色关联权重向量。

类似地，可计算 U_i 所属指标 $U_{ij}(j \in J = \{1, 2, 3, \cdots, M_i\})$ 的相对灰色关联权重 α'_{ij} 及由其构成的权向量 $\boldsymbol{\alpha}'_i = (\alpha'_{i1}, \alpha'_{i2}, \cdots, \alpha'_{iM_i})$。

5.3.7　绝对灰色关联权重确定

本节以目标层指标作为既定参照，计算本级指标相对最高层目标的灰色关联权重，从而确定本级指标在整个体系的绝对重要性，各指标权重之间具有可比性。如前所述，令一级指标 $U_1 \sim U_m$ 的相对灰色关联权重向量为 $\boldsymbol{\alpha} = (\alpha_1, \alpha_2, \cdots, \alpha_m)$，而 U_i 下属指标 U_{ij} 的相对灰色关联权重向量为 $\boldsymbol{\alpha}'_i = (\alpha'_{i1}, \alpha'_{i2}, \cdots, \alpha'_{iM_i})$，那么 U_{ij} 的绝对灰色关联权重 W_{ij} 可表示为

$$W_{ij} = \alpha_i \alpha'_{ij} \tag{5-14}$$

于是，可以根据绝对灰色关联权重将处于同一层次的各指标进行排序和比较，从而明确各因素在系统内的重要程度。

5.4　案　例　研　究

5.4.1　某煤业集团百万吨死亡率与机械化水平、农民工比例的灰色关联分析

限于所采集数据的可得性，同时考虑到指标的直观性，本节以某大型煤业集团为研究对象，利用其 1997～2006 年的原始历史数据资料（表 5-1）对百万吨死亡率、机械化水平、农民工比例三个影响因素进行灰色关联度计算。

表 5-1　某煤业集团 1997～2006 年统计资料

因素	年份									
	1997	1998	1999	2000	2001	2002	2003	2004	2005	2006
百万吨死亡率/%	1.16	0.85	0.51	1.635	0.86	0.86	0.43	0.27	0.32	0.32
机械化水平/%	66.94	70.64	77.2	76.69	76.54	77.94	77.79	80.06	82.61	85.51
农民工比例/%	17.4	18.8	20.3	19.3	17.4	18.6	16.5	14.5	12.7	11.5

设 x_0、x_1 和 x_2 分别表示百万吨死亡率、机械化水平和农民工比例，其中 x_1 为极小值极性变换后的序列，具体处理方法是用 1 去减原始序列值。同时，设 W_{01} 和 W_{02} 分别表示 x_0 与 x_1 和 x_2 的绝对灰色关联权重，那么，经计算可得

$$W_{01} = 0.90584, \quad W_{02} = 0.55338$$

易见，百万吨死亡率受到机械化水平和农民工比例的显著影响，但机械化水平的影响力度明显强于农民工比例，其绝对灰色关联度分别达到 0.90584 和 0.55338。因此，企业应在努力提升矿工素质的同时重点关注自身的机械化水平。

5.4.2 集团部分煤矿百万吨死亡率与相关因素的灰色关联分析

继续将灰色关联分析应用于该煤业集团所属的部分二级煤矿单位,结合所采集到的 1990~2006 年的有效指标数据,揭示产量、重伤人数、千人负伤率对百万吨死亡率的影响力。经计算,其绝对灰色关联权重如表 5-2 所示。

表 5-2 四个煤矿的事故灰色关联分析

矿名	百万吨死亡率和产量的绝对灰色关联权重	百万吨死亡率和重伤人数的绝对灰色关联权重	百万吨死亡率和千人负伤率的绝对灰色关联权重
A 矿	0.5846	0.8859	0.5407
B 矿	0.5153	0.5447	0.6247
C 矿	0.5337	0.9923	0.6380
D 矿	0.5158	0.5213	0.7133

由表 5-2 可知,总体来看,对百万吨死亡率有特别重大影响(权重>0.8)的因素是重伤人数,有重大影响(0.6<权重<0.8)的因素是千人负伤率,有显著影响(0.4<权重<0.6)的因素是产量;分矿井来看,重伤人数对 A 矿和 C 矿影响较大,千人负伤率对 C 矿和 D 矿影响较大,而产量对 B 矿、C 矿和 D 矿的影响较小。因此,矿企应当高度重视关键影响指标,采取有效措施严格控制这类指标的恶化。

5.5 本 章 小 结

本章从实践的角度出发,基于灰色理论的应用范畴,系统阐述了煤矿事故影响因素选取原则,并根据这些原则初步构建了煤矿事故影响因素灰色关联分析模型。通过对煤矿事故影响因素集的模拟,导出了相对灰色关联权重和绝对灰色关联权重的计算。

本章还以国内某大型煤业集团为案例,进行实际应用分析,以验证所构建的模型在煤矿事故预测中的有效性和实用性。通过对该集团 1997~2006 年百万吨死亡率与机械化水平、农民工比例进行灰色关联分析,以及该煤业集团下属部分煤矿 1990~2006 年的伤亡事故统计灰色关联分析,找到影响该煤业集团事故发生的主要因素,并据此提出针对性改进意见,提高该企业的安全管理水平。

应用结果表明,灰色关联分析评估企业安全影响因素简单易行,其结果可信,既可为煤矿事故的定量研究提供理论参考,又可为煤矿企业安全管理决策提供依据。通过煤矿事故的关联度分析,我们可以在诸多因素中找出其主要的、影响大的因素,明确因素间的主次关系,掌握安全工作的重点,为进一步分析研究和采取预防措施提供依据。将这套方法应用于实践,就为建立煤矿风险管理标准体系提供了相应的技术路线,也为事故致因模型的研究奠定了较为完备的数据基础。

第6章 煤矿企业安全风险预警评价研究

煤炭是我国推动经济可持续发展以及保障国家安全的重要能源,确保煤矿生产安全对于小康社会目标的全面实现以及国家的现代化进程具有重大意义。煤矿系统的安全风险预警评估必须在人员、设备、环境、管理和信息五维框架下全面重构指标体系,并在此基础上选取适当的评价方法进行预警评估。本章将以代表性煤矿生产集团作为研究对象,基于两种典型评价方法对煤矿安全风险进行实证研究[73]。

6.1 基于改进型灰色关联分析的煤矿安全评价研究

6.1.1 指标体系

尽管国内在煤矿安全评价领域的研究成果较为丰富,但是这些研究都带有一定局限性,例如,张玉林提出煤矿安全问题应当从人因、机器设备、环境、事故四个方面加以解决,而孙建华等则提出应当从人、设备、环境、技术和灾害预防五个方面确立指标体系,他们都忽略了管理因素对诱发煤矿事故的重要影响。通过对相关学者研究成果的系统梳理以及考虑到我国煤矿生产问题的复杂性和特殊性,本书认为煤矿事故的风险评估体系应当从人员、设备、环境、管理和信息五个因子构建指标体系。在指标遴选过程中,采用德尔菲法进行指标重要性确认,即由 N 个专家依据五级打分法对 M 个指标进行重要性评估打分,分值取值 $1\sim5$ 分,最后对所采集到的各指标初始数值进行如下处理。

(1)计算意见集中程度 E_i:

$$E_i = \frac{1}{N}\sum_{j=1}^{5} x_j n_{ij} \qquad (6\text{-}1)$$

其中, x_j 表示指标第 j 级重要程度的分数; n_{ij} 表示对第 i 个指标评为第 j 级重要程度的专家数。

(2)计算意见离散程度 δ_i:

$$\delta_i = \sqrt{\frac{1}{N-1}\sum_{j=1}^{5} n_{ij}(x_j - E_i)^2} \qquad (6\text{-}2)$$

δ_i 越大,表示专家对指标重要程度的评价越分散;反之,专家的意见就越集中。

(3)计算变异系数 V_i:

$$V_i = \frac{\delta_i}{E_i} \qquad (6\text{-}3)$$

E_i 和 δ_i 都是绝对指标,因此,二者的结果可能不完全一致,此时需要用变异系数来判别, V_i 越小,该指标越重要。根据这种方法筛选初选的指标,以人员因子这个一级指标为例,由 6 位煤矿安全专家来评价该指标下二级指标的重要程度，计算指标的集中程度、离散程度以及变异系数如表 6-1 所示。

表 6-1　"人员因子"二级指标的筛选表

集中程度		离散程度		变异系数	
E_1	4.17	δ_1	0.75	V_1	0.18
E_2	4.33	δ_2	0.82	V_2	0.19
E_3	4.00	δ_3	0.63	V_3	0.16
E_4	3.83	δ_4	0.75	V_4	0.20
E_5	4.50	δ_5	0.55	V_5	0.12
E_6	1.67	δ_6	0.82	V_6	0.49

　　由表 6-1 可以看出，除第 5 个指标，其他指标离散程度接近。因此，利用变异系数来判别，得出排序 $V_6 > V_4 > V_2 > V_1 > V_3 > V_5$，且 V_6 与其他 5 个指标差别很大，故可剔除，由前 5 个指标构成人员因子下的二级指标。同理，可以得出其他指标的筛选，最后得出煤矿安全评价指标体系如图 6-1 所示。

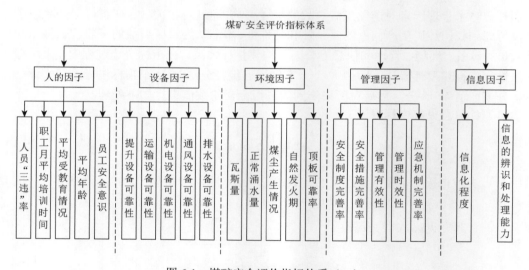

图 6-1　煤矿安全评价指标体系（一）

6.1.2　实证分析

1. 某煤矿集团安全事故描述

2000～2007 年，某煤矿集团共发生 33 起事故，死亡 224 人。其中，瓦斯事故 4 起，死亡 173 人；顶板事故 13 起，死亡 18 人；机电事故 2 起，死亡 2 人；运输事故 4 起，死亡 4 人；水害事故 4 起，死亡 20 人；其他事故 6 起，死亡 7 人（表 6-2、图 6-2）。

表 6-2　2000～2007 年某煤矿集团安全事故统计

年度	死亡人数合计	瓦斯事故死亡人数	水害事故死亡人数	顶板事故死亡人数	运输事故死亡人数	机电事故死亡人数	其他事故死亡人数	百万吨死亡率
2000	14	9	0	5	0	0	0	1.852
2001	6	0	0	2	1	1	2	0.599
2002	17	1	12	2	1	0	1	1.913
2003	6	0	0	1	1	1	3	0.494
2004	150	148	0	1	0	0	1	15.17
2005	5	0	0	4	1	0	0	0.42
2006	22	15	6	1	0	0	0	2.18
2007	4	0	2	2	0	0	0	0.099

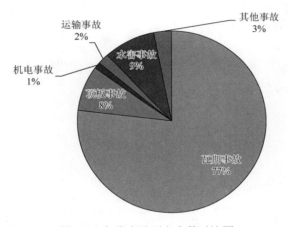

图 6-2　各类事故死亡人数对比图

某煤矿集团主要安全事故集中在瓦斯事故、水害事故、顶板事故等方面，其中瓦斯和水害事故平均单次事故死亡人数分别高达 43 人和 5 人。因此，某煤矿集团最严重的生产安全风险在于瓦斯事故和水害事故。同时，顶板事故是发生频率最高的风险，八年共发生 13 次。结合某煤矿集团各煤矿实际情况分析，引起顶上事件即瓦斯突出发生的主要因素包括地质因素和煤层瓦斯因素。某煤矿集团矿区煤层最大的特征是"三软不稳定煤层"，并且兼有瓦斯压力大、难以抽采的特点。随着从浅部开采向深部延伸开采，矿山压力、瓦斯压力、水压越来越大，地质和水文地质条件越来越复杂，瓦斯突出和底板高承压灰岩水的突水概率越来越大。

2. 模型评估

我国 95%以上的煤矿是井工矿，不同工种的矿工在有限的空间范围进行长时间的全方位生产作业会带来较多的安全隐患，同时对煤矿进行安全评价需要的数据很难搜集，因此煤矿系统是一个典型的灰色系统。灰色系统理论着重研究"小样本、贫信息、不确定"

的问题,并依据信息覆盖,通过序列生成,寻求现实规律。因此,该理论对于煤矿生产系统的风险评估具有较强的适用性。

目前学者提出的关联度评价包括相对关联度、绝对关联度、改进型关联度、T型关联度以及 B 型关联度等。肖新平指出相对关联度算法具有成熟、有效、计算量小等优点,适合煤矿安全评价;同时指出"只要考虑无量纲方式,则相对关联度一定不满足规范性"。谢乃明指出相对关联度和绝对关联度都不具备一致性,结果趋于均化(即仅利用平均值来计算关联度,造成了评价过程中的信息损失等),且均产生局部关联倾向。

本书从以下两个方面对相对关联度进行改进,克服其缺陷,使得该模型能够更好地满足在煤矿安全评价中的实际应用,提高评价的科学性和准确性。

由于指标数据单位不同,必须进行无量纲化处理。虽然不能更换无量纲化处理方法以使相对关联度满足规范性,但是可以从无量纲化的方法中选择最优方法来减少这种缺陷所带来的影响。

平均值没有反映出许多点关联系数的特点,缺乏充分利用点关联系数提供的丰富信息。因此,考虑到各个指标重要程度也不同,需要在计算时根据各个指标重要程度的不同赋予不同的权重,本书利用层次分析法来确定各个指标的权重。

设参考序列和比较序列分别为 $x_0'(k)$、$x_i'(k)$,利用层次分析法确定指标体系的权重为 $\omega(k)$。利用均值化方法对数据进行无量纲化处理:

$$x_i(k) = \frac{x_i'(k)}{\frac{1}{n}\sum_{i=1}^{n} x_i'(k)} \tag{6-4}$$

利用下式求关联系数矩阵:

$$E_i(k) = \frac{\min\min|x_i(k) - x_0(k)| + p\max\max|x_i(k) - x_0(k)|}{|x_i(k) - x_0(k)| + p\max\max|x_i(k) - x_0(k)|} \tag{6-5}$$

其中,$p = 0.5$;$i = 1, 2, \cdots, n$;$k = 1, 2, \cdots, m$;m、n 为正整数。

由于关联系数很多,信息过于分散,不便比较。因此,利用加权灰色关联分析,使得关联系数反映的信息集中体现出来,即初级安全评价,该评价能反映各个矿井在不同因素上的安全情况:

$$R = \sum_{k=1}^{n} w(k)E_i(k) \tag{6-6}$$

但是初级安全评价不能反映矿井安全的总体情况。因此,根据一级指标权重和初级安全评价结果,利用式(6-6)进行安全综合评价,得出整个矿井的安全程度。

1)层次分析法确定评价指标体系权重

根据层次分析法确定煤矿安全评价指标体系中一级指标的权重和二级指标的权重,具体如表 6-3 所示。根据相应的一致性评价,目标层和各个子指标层的 CR 分别为 0.0265、0.0030、0.0009、0.0303、0.015 以及 0,它们都小于 0.10,说明各个指标的权重均通过了一致性检验。

2）获取数据并确定参考序列和比较序列

某煤矿集团下属的不同矿区的 4 个矿井（A、B、C、D）的指标值以及参考序列值如表 6-3 所示，其中参考序列值为相应的最佳状态。表中的定性指标，如员工安全意识等利用德尔菲法请专家对 4 个矿井打分确定，定量指标为实际值。

表 6-3　某煤矿集团矿井安全情况统计表

一级指标	权重	二级指标	权重	各矿井指标值及参考序列值 $x(0)$				
				A	B	C	D	$x(0)$
人员因子	0.3508	人员"三违"率	0.3133	2.5%	5.4%	3.7%	9%	0
		职工月平均安全培训时间	0.1762	4.5	2.3	3.9	1.2	5.0
		平均受教育情况	0.0986	2.8	1.9	2.1	1.7	5.0
		平均年龄	0.0986	34.2	37.8	35.1	29.4	35
		员工安全意识	0.3133	4.5	3.8	4.1	0.34	5.0
设备因子	0.0696	提升设备可靠性	0.0547	97%	94%	96%	87%	100%
		运输设备可靠性	0.0978	99%	92%	93%	85%	100%
		机电设备可靠性	0.2825	95%	92%	99%	91%	100%
		通风设备可靠性	0.2825	89%	82%	89%	71%	100%
		排水设备可靠性	0.2825	77%	82%	84%	80%	100%
环境因子	0.1463	瓦斯量	0.2202	5	2.5	9	18	2.5
		正常涌水量	0.2341	200	700	400	900	200
		煤尘产生状况	0.0619	3	3	2	2	5.0
		自然发火期	0.4126	12	10	6	8	12
		顶板可靠率	0.0712	100%	87%	92%	89%	100%
管理因子	0.3882	安全制度完善率	0.0912	82%	67%	75%	59%	100%
		安全措施完善率	0.0561	79%	71%	74%	62%	100%
		管理有效性	0.3046	4	3.7	3.5	3.4	5.0
		管理时效性	0.4569	4.5	4.1	4.1	4.0	5.0
		应急机制完善率	0.0912	4.6	4.5	4.7	4.2	5.0
信息因子	0.0451	信息化程度	0.6667	3.1	2.6	3.4	2.4	5.0
		信息的辨识和处理能力	0.3333	3.0	2.8	3.5	2.6	5.0

3）对指标进行无量纲化处理并求出差序列矩阵

针对原始数据，首先利用区间化算子对数据进行规范化处理。然后利用公式求出相应的差序列如下：

$$
\Delta_1 = \begin{bmatrix}
0.7039 & 0.6509 & 0.3333 & 0.1050 & 0.1973 \\
0.2913 & 0.1775 & 0.2593 & 0.0262 & 0.1127 \\
1.5777 & 0.9763 & 0.4074 & 0.1399 & 1.1725 \\
0.6068 & 0.1479 & 0.8148 & 0.0233 & 0.1409
\end{bmatrix}
$$

$$\Delta_2 = \begin{bmatrix} 0.0316 & 0.0746 & 0.0314 & 0.0812 & 0.0591 \\ 0.0105 & 0.0640 & 0.0419 & 0 & 0.0827 \\ 0.1055 & 0.1493 & 0.0419 & 0.2088 & 0.0355 \\ 0.0316 & 0.0107 & 0.0524 & 0.1276 & 0.2719 \end{bmatrix}$$

$$\Delta_3 = \begin{bmatrix} 0.3378 & 1.0417 & 0 & 0.2083 & 0.1389 \\ 0.5405 & 0.4167 & 0.3333 & 0.6250 & 0.0855 \\ 1.7568 & 1.4583 & 0.3333 & 0.4167 & 0.1175 \\ 0.3378 & 0 & 0.6667 & 0 & 0 \end{bmatrix}$$

$$\Delta_4 = \begin{bmatrix} 0.1958 & 0.1036 & 0.0765 & 0.0922 & 0.0217 \\ 0.0914 & 0.0648 & 0.1276 & 0.0922 & 0.0217 \\ 0.3003 & 0.2202 & 0.1531 & 0.1152 & 0.0870 \\ 0.2350 & 0.2720 & 0.2551 & 0.1152 & 0.0870 \end{bmatrix}$$

$$\Delta_5 = \begin{bmatrix} 0.1515 & 0.0592 \\ 0.0909 & 0.1479 \\ 0.2121 & 0.1183 \\ 0.5758 & 0.5917 \end{bmatrix}$$

4）初级安全评价

在差序列值中，找出各个矩阵的最小绝对差和最大绝对差。然后根据式（6-5），计算关联系数矩阵如下所示：

$$E_1 = \begin{bmatrix} 0.5441 & 0.5641 & 0.7237 & 0.9087 & 0.8236 \\ 0.7519 & 0.8404 & 0.7749 & 0.9964 & 0.9008 \\ 0.3432 & 0.4601 & 0.6789 & 0.8744 & 0.4141 \\ 0.5819 & 0.8670 & 0.5064 & 1 & 0.8735 \end{bmatrix}$$

$$E_2 = \begin{bmatrix} 0.8112 & 0.6456 & 0.8121 & 0.6260 & 0.6970 \\ 0.9280 & 0.6800 & 0.7643 & 1 & 0.6216 \\ 0.5631 & 0.4766 & 0.7643 & 0.3943 & 0.7931 \\ 0.8112 & 0.9273 & 0.7217 & 0.5158 & 0.3333 \end{bmatrix}$$

$$E_3 = \begin{bmatrix} 0.7222 & 0.4575 & 1 & 0.8083 & 0.8635 \\ 0.6190 & 0.6783 & 0.7249 & 0.5843 & 0.9113 \\ 0.3333 & 0.3759 & 0.7249 & 0.6783 & 0.8820 \\ 0.7222 & 1 & 0.5685 & 1 & 1 \end{bmatrix}$$

$$E_4 = \begin{bmatrix} 0.4968 & 0.6773 & 0.7583 & 0.7093 & 1 \\ 0.7116 & 0.7998 & 0.6189 & 0.7093 & 1 \\ 0.3816 & 0.4641 & 0.5669 & 0.6477 & 0.7249 \\ 0.4463 & 0.4071 & 0.4241 & 0.6477 & 0.7249 \end{bmatrix}$$

$$\boldsymbol{E}_5 = \begin{bmatrix} 0.7936 & 1 \\ 0.9179 & 0.8 \\ 0.6989 & 0.8571 \\ 0.4073 & 0.4 \end{bmatrix}$$

二级指标的权重在表 6-3 中已经给出，求出各个一级指标对应的二级指标的评价关联度。

$\boldsymbol{r}_1 = \boldsymbol{\omega}^1 \times \boldsymbol{E}_1^{\mathrm{T}} = [0.689\ 0.841\ 0.472\ 0.757]$，　　$\boldsymbol{r}_2 = \boldsymbol{\omega}^2 \times \boldsymbol{E}_2^{\mathrm{T}} = [0.711\ 0.791\ 0.629\ 0.579]$

$\boldsymbol{r}_3 = \boldsymbol{\omega}^3 \times \boldsymbol{E}_3^{\mathrm{T}} = [0.723\ 0.646\ 0.549\ 0.912]$，　　$\boldsymbol{r}_4 = \boldsymbol{\omega}^4 \times \boldsymbol{E}_4^{\mathrm{T}} = [0.730\ 0.714\ 0.596\ 0.555]$

$$\boldsymbol{r}_5 = \boldsymbol{\omega}^5 \times \boldsymbol{E}_5^{\mathrm{T}} = [0.862\ 0.879\ 0.752\ 0.405]$$

据此进行初级评价结果，对于"人员因子"，4 个矿井关联度排序为 B>D>A>C，即矿井 B 的该类安全指标最优，D 次之，A 再次，C 最差。各个矿井中，仅 B、D 矿井的关联度大于 0.7，说明这两个矿井在"人员因子"的 5 个二级指标方面做得较好。

同理，对于"设备因子"，4 个矿井关联度排序为 B>A>C>D。A、B 矿井的关联度大于 0.7，其他矿井在设备可靠性方面均需要改进。

对于"环境因子"，4 个矿井关联度排序为 D>A>B>C，即 D 矿井的该类安全指标最优，C 最差。D 矿井的关联度达到了 0.9 以上，说明 D 的开采环境最优，其他矿井在开采环境方面较差。

对于"管理因子"，4 个矿井关联度排序为 A>B>C>D，即 A 矿井的该类安全指标最优，D 最差。在所有矿井中，其关联度都不大，说明这 4 个矿井在管理方面均需要改进。

对于"信息因子"，4 个矿井关联度排序为 B>A>C>D，即 B、A、C 矿井做得较好，D 最差。在所有矿井中，仅 D 的关联度小于 0.7，D 在信息方面做得较差。

5）安全综合评价

由以上结果可知，同一矿井的不同指标的评价结果中，既有可能成为安全状况比较好的矿井，又有可能成为安全状况最差的矿井，即初级安全评价难以反映整个矿井的综合安全程度。因此，需要对矿井进行安全综合评价，于是有

$$\boldsymbol{R} = \boldsymbol{\omega} \times \boldsymbol{r} = \begin{bmatrix} 0.3508 \\ 0.0696 \\ 0.1463 \\ 0.3882 \\ 0.0450 \end{bmatrix}^{\mathrm{T}} \begin{bmatrix} 0.6888 & 0.8405 & 0.4715 & 0.7573 \\ 0.7107 & 0.7913 & 0.6288 & 0.5788 \\ 0.7230 & 0.6459 & 0.5489 & 0.9121 \\ 0.7296 & 0.7136 & 0.5956 & 0.5548 \\ 0.8624 & 0.8786 & 0.7517 & 0.4049 \end{bmatrix} = \begin{bmatrix} 0.7190 \\ 0.7611 \\ 0.5545 \\ 0.6730 \end{bmatrix}^{\mathrm{T}}$$

即各个矿井的综合关联度排序为 $R_{\mathrm{B}} > R_{\mathrm{A}} > R_{\mathrm{D}} > R_{\mathrm{C}}$，各个矿井的整体综合安全情况的优劣程度为 B 矿井的安全度最优，A 矿井次之，D 矿井再次，C 矿井的安全度最差。结果表明，D 矿井和 C 矿井应加大安全工作力度，消除事故隐患，提高矿井的整体安全状况。同时，其他矿井应该对本矿井的安全薄弱环节采取相应改进措施，才能安全、高效地进行煤炭生产。

6.1.3　主要结论

在以上案例实证研究中，如果利用传统相对关联度计算各个矿井的指标序列与最优指标序列（参考序列）的关联度，得出的综合评价结果排序与改进后的灰色关联分析排序一致。但是，在煤矿安全评价的具体指标方面，两种评价所得到的结果有一定差别。例如，在无量纲化方法一致的基础上利用相对关联度进行评价，A 矿井和 B 矿井在管理因子这一项与参考序列的关联度分别为 0.7283 和 0.7679，利用改进后的模型计算结果则分别为 0.7296 和 0.7136。即改进前，B 矿井在管理因子这一项比 A 矿井做得好。

然而，实际情况却是 A 矿井的管理稍强于 B 矿井。B 矿井虽然在安全制度及安全措施的制定上很完善，但是没有强有力的领导来执行这些制度，管理缺乏有效性。而 A 矿井在管理方面上情下达，管理及时有效。导致评价结果出现差异主要因为指标权重不同，安全制度及安全措施完善率的权重小于管理有效性和时效性，而传统的关联度计算采用了平均化的方法湮灭了这些信息。

最后，尽管实证结果证明改进型灰色关联分析法具有更强的科学性和可靠性，但是本书认为以下两个问题在未来的深入研究中具有重大意义：一是在煤矿安全评价指标设计方面，大量的事实开始将发生煤矿安全事故的主要诱因指向人因问题，相关研究进一步表明高达 80% 以上的煤矿突发事故是由人为因素造成的，因此，如何将煤矿作业工人的心理、习惯、性格等难以观测的因素加以量化并考虑纳入指标体系是提升评价有效性的重要内容；二是在煤矿安全评价技术方面，有关技术可以分为主观评价法和客观评价法两大类，而每种技术都具有各自的优点和不足，因此，改变传统单一的评价方法而使用多种技术方法综合赋权和评价是增强研究结论稳健性的重要方向。

6.2　基于信息熵-模糊神经网络的煤矿安全评价研究

6.2.1　基于信息熵法的煤矿安全评价指标的优选

与前述分析一致，本节仍然将人员因子、设备因子、环境因子、管理因子和信息因子作为五个一级指标，但在此改用信息熵方法遴选二级指标，其中信息熵是反映系统混乱程度或无序程度的重要指标，它通常与指标的变异程度和信息量成正比，因而可以依据信息熵值确认指标的重要程度。

1. 初始值的采集

本书选取了郑州煤炭工业集团有限责任公司（以下简称郑煤集团）和中国平煤神马集团（以下简称平煤集团）下属的代表性煤矿进行了重点调研，并获取了有关影响煤矿安全的定量化和定性化指标数据初值，对于无法直接量化处理的定性指标，本书依旧采取了德尔菲法进行专家打分量化。

2. 对原始数据的处理

利用公式 $k = \dfrac{1}{\ln M}$ 计算 k 值，其中 M 为 4，则 $k = \dfrac{1}{\ln M} = \dfrac{1}{\ln 4}$，然后计算 E_i 值。利用公式 $e(i) = -k \sum\limits_{j=1}^{m} \dfrac{x_{ij}}{E_i} \ln \dfrac{x_{ij}}{E_i}$ 计算值 $e(i)$。利用公式 $E' = \sum\limits_{i=1}^{n} e(i)$ 计算 E' 的值为 $E' = \sum\limits_{i=1}^{n} e(i) = 26.45023$。利用公式 $w_i = \dfrac{1}{N - E'}[1 - e(i)]$ $(i = 1, 2, 3, \cdots, N)$ 计算 w_i。

由信息熵法计算的权重剔除了重要程度极低的平均年龄、供电设备完好率和煤矿准入管理完善率三类指标，其值均明显小于 0.1%，故最终的二级指标确认为 24 个，具体见图 6-3。

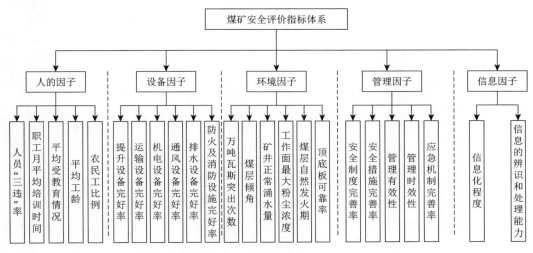

图 6-3　煤矿安全评价指标体系（二）

6.2.2　基于模糊神经网络模型的煤矿安全评价

人工神经网络和模糊系统都可以看成一种输入、输出的非线性映射关系，而模糊关系矩阵与人工神经网络的权矩阵有一定的对应关系，因此可以将两者结合起来。本书利用神经网络的学习和映射能力，对初始数据实现模糊化、模糊推理和去模糊化。在这种结合方式中，在输入层作模糊化处理，在输出层作反模糊化处理，神经网络只完成非线性映射的功能。其过程是在模糊化层将系统的输入转化为模糊向量，模糊映射功能由神经网络来实现，最后通过反模糊化层将神经网络输出的模糊向量转化为清晰的输出结果。

基于所建立的指标体系，对郑煤集团和平煤集团下属的 10 个代表性重点国有大中型矿井展开数据分析，以它们的指标数值进行网络训练。

1. 确定样本的网络输入

要确定训练样本的网络输入，首先要对数据进行模糊化处理。本书利用梯形分布隶属函数进行输入数据的模糊处理。设各个因素指标的论域为 $v=(v_1,v_2,\cdots,v_m)$，总共有 n 个样本，m 个指标，其中 $i=(1,2,\cdots,m)$，$j=(1,2,\cdots,n)$。可以得出各个样本的因素指标向量 $\boldsymbol{u}_i=(u_{1i},u_{2i},\cdots,u_{ni})$，假设 a 和 b 分别为 $\boldsymbol{u}_i$ 中的最大值和最小值，x 为 $\boldsymbol{u}_i$ 中的变量，则选择隶属度函数可以根据实际情况进行选取。这里利用便于计算的梯形隶属度函数来分析，该隶属度函数具体如下。

对于正向指标，其隶属度函数采取如下方式构造：

$$r_{ij}=\begin{cases}0, & x<a\\[2mm] \dfrac{x-a}{b-a}, & a\leqslant x\leqslant b\\[2mm] 1, & x>b\end{cases} \tag{6-7}$$

对于逆向指标，其隶属度函数采取如下方式构造：

$$r_{ij}=\begin{cases}1, & x<a\\[2mm] \dfrac{b-x}{b-a}, & a\leqslant x\leqslant b\\[2mm] 0, & x>b\end{cases} \tag{6-8}$$

对于区间值指标，其隶属度函数采取如下方式构造：

$$r_{ij}=\begin{cases}\dfrac{x-a}{\lambda-a}, & a<x<\lambda\\[2mm] 1, & x=\lambda\\[2mm] \dfrac{b-x}{b-\lambda}, & \lambda<x<b\\[2mm] 0, & x\leqslant a,x\geqslant b\end{cases} \tag{6-9}$$

在本书中，使用优、良、中、差、劣五级以及相应的数值集合（0.9，0.7，0.5，0.3，0.1）来标示模糊神经网络评价输出结果，同时，根据式（6-7）～式（6-9）求出各个样本中各个指标值的隶属度，具体如表 6-4 所示（限于篇幅，其余矿井各指标值隶属度略）。

表 6-4　A～D 矿井及 X 矿井各个指标值的隶属度

二级指标	A 矿井	B 矿井	C 矿井	D 矿井	X 矿井
人员"三违"率	1.0000	0.8833	1.0000	0.5833	1.0000
职工月平均培训时间/h	0.7500	0.4333	0.5167	0.2500	0.8000
平均受教育情况	0.8667	0.2667	0.4000	0.1333	0.6000
平均工龄/年	0.4250	0.2750	0.5125	0.3750	0.4000
农民工比例	0.8000	0.6000	0.5000	0.7667	0.6000
提升设备完好率	1.0000	0.6000	0.8667	0.4667	1.0000
运输设备完好率	0.8667	0.8000	0.8667	0.3333	0.8000
机电设备完好率	0.3333	0.1333	0.6000	0.0667	0.8667
通风设备完好率	0.6000	0.1333	0.6000	0.0000	0.5333
排水设备完好率	0.0000	0.2667	0.6000	0.0000	1.0000
防火及消防设施完好率	0.0000	0.0000	0.0000	0.0000	0.1333

续表

二级指标	A 矿井	B 矿井	C 矿井	D 矿井	X 矿井
万吨瓦斯突出次数	0.0000	0.6400	0.7600	0.0800	0.0000
煤层倾角/(°)	0.8358	0.7612	0.9104	0.7910	0.8657
矿井正常涌水量/（m³/h）	0.0000	0.6500	0.3941	0.0000	0.0000
工作面最大粉尘浓度/（mg/m³）	0.8333	0.5000	0.6667	0.3333	0.1667
煤层自然发火期/月	0.3333	0.1667	0.6667	0.6667	1.0000
顶底板可靠率	0.0000	0.2667	0.6000	0.0000	1.0000
安全制度完善率	0.7333	0.2333	0.5000	0.0000	1.0000
安全措施完善率	0.6333	0.3667	0.4667	0.0667	1.0000
管理有效率	0.7000	0.4667	0.3333	0.3000	0.9000
管理时效性	0.9667	0.7000	0.9000	0.6667	0.8333
应急机制完善率	1.0000	1.0000	1.0000	0.8000	1.0000
信息化程度	0.4000	0.1000	0.6000	0.0000	1.0000
信息的辨识和处理能力	0.3333	0.2333	0.6667	0.0667	0.9667

利用 10 组矿井样本数据组成的隶属度矩阵作为模糊神经网络的输入，对网络进行训练。

2. 确定样本的网络输出

神经网络算法中样本的训练结果对于网络的可靠性具有重要直接影响，本书由 8 位专家独立地对样本开展二次评估，并以德尔菲法对评估结果进行确认。当评估结果离散程度越小时表明专家分歧越小，选择此结果作为样本的最终评估结果。经计算，10 个矿井（A～J）的网络输出结果数值集合为（0.6000，0.4750，0.5750，0.3250，0.5000，0.4250，0.4500，0.2500，0.7500，0.5000），对此结果继续实施模糊化处理，得到最终输出结果数值集合为（0.6667，0.4583，0.6250，0.2083，0.5000，0.3750，0.4167，0.0833，0.9167，0.5000）。

3. 网络训练

（1）基于前述分析，本网络输入层为 24×10 的矩阵，其节点数为 24。

（2）确定隐含层节点数。隐含层节点数可由 $m = \sqrt{m_1 + m_0} + a$ 计算得出，其中 a 取 5，m_1 和 m_0 分别为输入层和输出层节点数，本例中经计算可知隐含层节点数为 10，于是可以构建神经元数为 24×10×1 的模糊神经网络。

（3）确定输出样本。由网络训练所确定的 10×1 的输出矩阵为（0.6667，0.4583，0.6250，0.2083，0.5000，0.3750，0.4167，0.0833，0.9167，0.5000）。

（4）进行网络训练。实施网络训练。隐含层选择 logsig 神经元，输出层为 1 个线性神经元，训练函数采用 traingdm。设定学习速率、最大训练步数、训练目标误差分别为 1%、20000 和 0.1%，借助 MATLAB 7.0 实施网络训练，经过 7591 步后所有指标符合目标要求，结果见图 6-4。

4. 网络仿真

以 X 矿井为仿真对象，对其初始指标值做模糊化处理，并将其在神经网络中进行仿真，执行命令格式如下：

a = sim（Net，Ptest）%网络仿真语句；

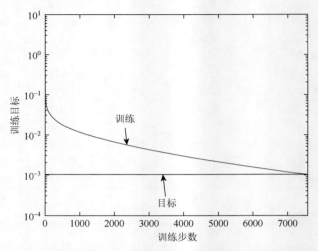

图 6-4   网络训练的误差下降曲线（第 7591 步后训练终止）

其中，Ptest 即为 24×1 的矩阵式指标数据，该命令反馈的结果为 0.7164，设定（优、良、中、差、劣）五级对应取值分别为（0.9，0.7，0.5，0.3，0.1），经模糊化处理后的最终矿井安全评估值为 0.6731。

与利用德尔菲法得到的 X 矿井评估值 0.6750 相比，两种方法的绝对误差和相对误差分别为 0.19% 和 0.28%。该模拟结果表明，利用神经网络模型得到的结果与专家评价值相对偏差在 ±3% 以内。

6.2.3   主要结论

鉴于模糊理论和神经网络技术在分析处理数据过程中各自的优势和局限性，本书将这两种方法进行了有机整合，从而建立了更为优化的煤矿生产风险评估模型。基于该理论模型，通过数据模糊处理、神经网络训练、反模糊化处理、神经网络仿真步骤，以 X 矿井为仿真对象实施了安全风险评估，认定其安全状态为中等。同时，通过与德尔菲法的比较分析，发现信息熵−模糊神经网络法具备较高的精确性，适用于煤矿安全风险的评估。

6.3   本 章 小 结

煤矿系统的安全风险预警评估必须在人员、设备、环境、管理和信息五维框架下全面重构指标体系，并在此基础上选取适当的评价方法进行预警评估。本章以代表性的煤矿生产集团作为研究对象，通过构建相应的五维指标体系，并分别采用改进型灰色关联分析法和信息熵−模糊神经网络法进行了实证分析，结论表明：改进型灰色关联分析法以及信息熵−模糊神经网络法均具有较强的科学性和可靠性，适用于煤矿安全风险的评估。

第 7 章　煤矿企业安全事故的博弈分析

7.1　煤矿企业与安监局的博弈分析

7.1.1　博弈论在煤矿安全监管中的适用性

博弈论（game theory），作为应用数学的一个分支，又称对策论，在经济学等学科中得到了广泛应用，并成为经济学的一个重要理论组成部分，研究的是博弈行为的各方，即一种交易或活动的参与各方，在不同的情景下基于自身利益考虑所作出的不同决策选择行为。博弈参与各方在推定对方行为决策的基础上采取自身利益最大化的决策，经过多次重复的决策选择，最终达到参与各方均采取最优策略，即参与各方的利益达到最大化的均衡状态，这种状态称为"纳什均衡"。对于这种行为决策各方策略依存关系的研究最早萌芽于 18 世纪上半叶或更早，直到 John von Neumann 和 Oskar Morgensten 的著作《博弈论与经济行为》一书的出版，系统的博弈理论才初步形成。作为经济学的一种研究方法而非分支，博弈论在经济学研究中得到了最为广泛而成功的应用，这种理论认为个体的效用函数不仅取决于自身的决策选择，还取决于交易对手的决策选择，即与传统的经济学理论研究相比，博弈论更加关注主体决策与其交易对手决策之间的相互影响[74]。

博弈论基于交易各方的行为性质，可以划分为两大类，即合作博弈和非合作博弈。合作与非合作这两类博弈的显著不同在于：合作博弈的参与各方在各自作出决策之前就已达成共识或者说串通，即参与各方在一致性、共同性目标的前提下通过信息互通和具有惩罚措施的可执行契约的约束下，达到各自利益最优的均衡状态。然而，在现实中，各种活动更多地呈现为非合作博弈行为，因此理论研究的重点也就是非合作博弈。在这方面作出突出贡献的是约翰·纳什，他对非合作博弈的概念作了明确的界定，并对其均衡解的存在性作出了论证。约翰·纳什关于非合作博弈的理论研究可以用"纳什均衡"来概括，该理论的核心思想是在博弈中，参与各方的最优决策是在针对博弈对方的行为方式、可能采取的决策的情况下，能够最大化其自身利益的决策。

经济学的基本假设之一，即经济人是理性的，其行为决策是在一定的约束条件下追求自身效用的最大化。经济学的理论研究认为经济人的理性行为构成了人类社会的一切活动，因此，对任何组织行为的研究都必须从对这些组织中个体的理性行为的研究开始。经济人的行为是在一定约束下追求自身效用的最大化。一般地，效用函数较为稳定、较少变化，所以在经济分析中通常假定效用函数的形式是不变的，在这个前提下，个人所面对的约束条件就决定了他的行为。任何组织都是由具有理性的个体组成的，组织中的个人也是追求个人效用最大化的，而且他们的行为之间是相互影响的，这种局面正好是一种博弈。他们为了获得超额收益，总会在博弈中寻求平衡，从而互相建立各种契约关系，就是这些契约的联结构成了追求盈利的组织关系。从这个意义上说，组织的关系是博弈的结果，组织的一切活动都是博弈的过程。

对于煤矿企业，其在作出安全投入决策时，往往会权衡、比较安全投入不足所带来的成本与潜在收益；而作为安全监管者的政府，在作出是否监管煤矿企业的安全投入或者监管力度大小的决策时，也会权衡、比较监管的成本投入与收益。煤矿企业安全投入不足的成本取决于其所受处罚的力度及政府对其监管的强度；而政府监管的强度又取决于煤矿企业的安全欠账程度以及由此导致的损失。因此，煤矿企业和政府对于安全投入的执行和监管存在着相互作用和理性决策的动态博弈。本章针对煤矿企业安全生产中的漏洞，对安监局、地方政府和煤矿企业围绕煤矿安全生产展开博弈分析。下面首先就煤矿企业和安监局两方的博弈进行分析。

7.1.2　煤矿企业、安监局动态模型的建立

1）模型的假设

当前，煤矿企业违规生产现象频繁出现的重要动因之一，是市场对能源的旺盛需求给煤矿企业带来了巨额利润。现有关于煤矿安全监管机制研究的着力点往往在于政府管理职能的强化，研究所采取的方法也往往是直观的定性分析，缺乏基于利益分配视角关于如何实施有效监管的研究，为此，本节拟建立两阶段博弈模型，通过对煤矿企业和安监局之间的对抗、相互影响及利益分配的分析，为我国煤矿安全监管的有效实施提供富有理论基础的指导。

预期效用理论认为，当违背规则的预期效用小于遵守规则的预期效用时，理性的经济人会选择遵守规则而非违规。同样地，当煤矿企业进行安全投入所带来的回报较高时，煤矿企业会对安全进行有效投入。而当不发生安全事故时，煤矿企业的安全投入不足能够为其带来较大的经济收益，尽管这种安全投入不足的社会成本是巨大的。对于安全投入不足的煤矿企业，其安全投入违规行为被监管部门查处的惩罚成本也往往远小于安全投入不足的潜在收益，因此，煤矿企业具有强烈的动机进行违规生产，安全投入不足现象普遍，除非监管部门惩罚带来的损失远高于安全投入不足给煤矿企业带来的潜在收益。

本节所建立的两阶段博弈模型的相关假设如下。

（1）博弈参与人：安监局和煤矿企业。

（2）博弈各方的行动选择：博弈参与人——安监局和煤矿企业的行动选择集合分别为 A 和 B，具体地，$A = \{A_1, A_2\} = \{$查处，不查处$\}$，$B = \{B_1, B_2\} = \{$违规，不违规$\}$。

（3）信息：假定博弈双方的决策和行动是同时作出的，双方决策的制定独立于对对方决策的了解，即双方缺乏关于对方决策和行动的信息。因此，本节所建立的模型是非合作静态博弈。

（4）支付，即博弈各方的收益和/或支出：出于逐利目标，为了最大化其经营利润，煤矿企业倾向于在安全投入方面选择违规。假设选择安全违规决策能够给煤矿企业带来收益 Q（$Q \geqslant 0$），而作为履行煤矿企业安全生产监管职责的国家行政机构，安监局以概率 P_1（$0 \leqslant P_1 \leqslant 1$）履行监管职责，即监管力度为 P_1，执行监管的成本支出为 C_1（$C_1 > 0$）。

假设煤矿发生安全事故的概率为$1-\theta$（$0\leqslant\theta\leqslant1$），该概率仅与煤矿企业的安全投入不足有关；当煤矿企业违规生产导致了安全事故发生，煤矿企业对安全事故的处理成本为C_2（$C_2>0$）；煤矿企业的折现因子为δ（$0\leqslant\delta\leqslant1$），$\delta$随着煤矿企业对短期利益的偏好程度以及时间的延长而递减。当煤矿企业违规时，所导致的社会损失，即其社会成本为αQ（$\alpha\geqslant1$）；安监局查处煤矿企业安全投入违规并对其征收罚款F，而安监局可以从该罚款中获得的提成为μF（$0\leqslant\mu\leqslant1$）。

2）博弈次序和战略选择

博弈次序，也就是博弈过程中安监局和煤矿企业哪一方先采取行动决策。具体地，安监局首先决定其履行监管职责的执行强度，然后，煤矿企业根据安监局的监管行为对其安全投入作出决策。

3）博弈双方的效用函数

煤矿企业的效用是其生产利润的递增函数，其效用大小的决定因素较为单一：如果煤矿企业的行动决策是违规生产，当没有发生安全事故时，且其违规行为未被安监局查处，煤矿企业因违规生产获得额外的利润。而安监局的效用取决于其查处煤矿企业违规生产的罚款提成以及社会福利。博弈双方的效用函数信息互为对方所了解，而安监局的监管力度决策和煤矿企业的违规生产程度决策均不为对方所知悉。

由上述假设可知，博弈参与人安监局分别以概率P_1和$1-P_1$选择"监管"和"不监管"策略；其中，安监局查处煤矿企业安全违规与未查处煤矿企业安全违规的概率分别为P_2和$1-P_2$。煤矿企业在安全投入上，分别以P_3和$1-P_3$选择"违规"和"不违规"策略。煤矿企业和安监局在不同决策情形下的效用见表 7-1。

表 7-1　效用矩阵

安监局			执行		不执行
			查处	未查处	
煤矿企业	违规	无事故	$\mu F-C_1$，$Q-\delta F$	$-C_1-\alpha Q$，Q	$-\alpha Q$，Q
		有事故	$\mu F-C_1$，$Q-\delta F-C_2$	$-C_1-\alpha Q$，$Q-\delta C_2$	$-\alpha Q$，$Q-\delta C_2$
	不违规		$-C_1$，0	$-C_1$，0	0，0

7.1.3　博弈均衡：纳什均衡

假定煤矿企业在安全投入方面选择违规生产的概率为P_3，则安监局的行为决策分别为"监管"和"不监管"的预期收益U_1、U_2分别为

$$U_1=P_3[(\mu F-C_1)P_2+(1-P_2)(-C_1-\alpha Q)]+(1-P_3)(-C_1) \tag{7-1}$$

$$U_2=P_3(-\alpha Q) \tag{7-2}$$

则当安监局不同决策的预期收益相等时，即安监局选择"监管"和"不监管"策略的预期收益相等时，可获得煤矿企业违规的最优概率，即由$U_1=U_2$可得

$$P_3[(\mu F - C_1)P_2 + (1-P_2)(-C_1 - \alpha Q)] + (1-P_3)(-C_1) = P_3(-\alpha Q) \qquad (7\text{-}3)$$

解式（7-3）可得到煤矿企业的最优违规概率：

$$P_3 = \frac{C_1}{(\mu F + \alpha Q)P_2} \qquad (7\text{-}4)$$

同样地，可以根据煤矿企业"违规"和"不违规"策略的预期收益来获得安监局履行监管职责的最优执行概率。煤矿企业"违规"和"不违规"决策的预期收益如下：

$$U_3 = P_1\{P_2[\theta(Q - \delta F) + (1-\theta)(Q - \delta F - C_2)] + (1-P_2)[\theta Q + (1-\theta)(Q - \delta C_2)]\}$$
$$+ (1-P_1)[\theta Q + (1-\theta)(Q - \delta C_2)] \qquad (7\text{-}5)$$
$$U_4 = 0$$

令 $U_3 = U_4$，于是

$$P_1\{P_2[\theta(Q - \delta F) + (1-\theta)(Q - \delta F - C_2)] + (1-P_2)[\theta Q + (1-\theta)(Q - \delta C_2)]\}$$
$$+ (1-P_1)[\theta Q + (1-\theta)(Q - \delta C_2)] = 0 \qquad (7\text{-}6)$$

则解式（7-6）可得安监局的最优监管概率：

$$P_1 = \frac{Q - \delta C_2(1-\theta)}{P_2[\delta(F - C_2 + \theta C_2) + C_2(1-\theta)]} = \frac{Q - \delta C_2(1-\theta)}{P_2[\delta F + C_2(1-\theta)(1-\delta)]} \qquad (7\text{-}7)$$

或者

$$P_1 = \frac{Q - \delta C_2(1-\theta)}{P_2[\delta F + C_2 - \delta C_2 - \theta(C_2 - \delta C_2)]} \qquad (7\text{-}8)$$

式（7-7）表明，在给定煤矿企业安全生产的理性预期情况下，且煤矿企业违规生产安监局查实的罚款大于煤矿企业为处理其安全事故所支付的成本，即 $F > C_2$，安监局的最优安全监管概率正向取决于煤矿企业违规生产的收益 Q、企业折现因子，负向取决于安监局查实违规的力度 P_2。同时，由式（7-8）可知，安监局最优的安全监管执行概率与煤矿安全事故概率、煤矿企业处理安全事故的成本呈反向变动关系。

7.1.4 博弈均衡解分析

由式（7-4）的博弈均衡解可知，安监局的监管力度越强、查实违规生产的罚款越高，则煤矿企业越会选择安全生产；相反，煤矿企业违规生产的社会成本越小、安监局执行监管的成本越高，煤矿企业选择不违规生产策略的倾向性就越小。

由式（7-7）和式（7-8）可以看出，安监局执行监管的概率即查处煤矿企业违规生产的执行力度与其查实违规生产的可能性和惩罚力度负相关，也就是说，安监局查实违规的概率及其相应的惩罚力度越高，安监局所需付出的监管执行力度就越小；相反，对于注重短期利润目标（即其折现因子 δ 较小）而倾向于选择违规的煤矿企业，安监局必须加强监管执行力度。煤矿企业违规生产导致安全事故的概率越大以及其为事故处理支付的成本越高，煤矿企业选择安全生产的可能性就越大，相应地，安监局的安全监管执行力度就会越小。

对博弈均衡解的进一步分析如下。

（1）当安监局的监管执行力度为 1 时，由式（7-7）可得到

$$\delta^* = \frac{Q - P_2 C_2 (1-\theta)}{P_2 (F - C_2 + \theta C_2) + C_2 (1-\theta)} \qquad (7-9)$$

则如果想有

$$\delta \leqslant \delta^* = \frac{Q - P_2 C_2 (1-\theta)}{P_2 (F - C_2 + \theta C_2) + C_2 (1-\theta)}$$

即

$$\delta \leqslant \frac{Q - P_2 C_2 (1-\theta)}{P_2 F + C_2 (1-\theta)(1-P_2)} \qquad (7-10)$$

则必须有 $P_1 > 1$，这与安监局的监管概率满足 $0 \leqslant P_1 \leqslant 1$ 条件相违背。该结果意味着，只有当安监局在加大安全监管执行力度的同时提高安全监管的时效性，才可能保证煤矿企业在安全投入方面选择不违规生产策略。

同样地，由式（7-10）可得到

$$Q - P_2 C_2 (1-\theta) - \delta [P_2 F + C_2 (1-\theta)(1-P_2)] \geqslant 0 \qquad (7-11)$$

根据式（7-11），对于追求利润目标的煤矿企业，只要其违规生产的利润较大，就会在安全投入方面选择违规生产策略。由此，对于更加注重短期利润目标的煤矿企业（其折现因子 $\delta < \delta^*$），安监局的监管执行力度是无法确保这些煤矿企业选择不违规生产策略的。从而要想减少安全事故的发生、确保煤矿企业选择不违规生产策略，安监局唯一可取的做法是取缔这些注重短期利润目标的煤矿企业。

由前面的假设可知，煤矿企业的折现因子 δ 负向取决于其利润追求的时间偏好和时间长度，而安监局对煤矿企业的时间偏好无影响力，因此，要想使得注重短期利润目标的煤矿企业（即其 $\delta < \delta^*$）选择不违规的生产策略，安监局的可取做法是进行即时的事后监管，甚至是事前监管。因此，可以通过员工的内部监督来实现，发动内部员工举报煤矿企业的违规生产，如果员工举报属实，可以重奖该举报的员工。

综上，对于注重短期利润目标 $\delta < \delta^*$ 的煤矿企业，安监局对其的监管策略和手段要综合运用，包括完全的事后执行监督、提高安全监管的时效性、通过发动煤矿企业内部员工实行实时监管，以降低这些煤矿企业的安全欠账行为。当然，此种情况是很难确保安全的，在必要的情况下，安监局应该坚决实施取缔 $\delta < \delta^*$ 类煤矿企业的措施。

（2）对于那些 δ 取值范围在 $\dfrac{Q - P_2 C_2 (1-\theta)}{P_2 F + C_2 (1-\theta)(1-P_2)} < \delta < \dfrac{Q - P_2 C_2 (1-\theta)}{C_2 (1-\theta)(1-P_2)}$ 的煤矿企业，安监局采取最优的事后执行可以控制其违规生产的行为。

在 δ 取值范围在 $\dfrac{Q - P_2 C_2 (1-\theta)}{P_2 F + C_2 (1-\theta)(1-P_2)} < \delta < \dfrac{Q - P_2 C_2 (1-\theta)}{C_2 (1-\theta)(1-P_2)}$ 的情况下，煤矿企业违规生产的预期收益为 $Q - P_2 C_2 (1-\theta) - \delta [P_2 F + C_2 (1-\theta)(1-P_2)]$，因为 $C_2 (1-\theta)(1-P_2) \leqslant Q - P_2 C_2 (1-\theta) \leqslant P_2 F + C_2 (1-\theta)(1-P_2)$，因此，煤矿企业依然有可能获得违规生产的额外收益，即有

违规生产的动机。从而无论安监局的监管执行力度如何强，都不能确保煤矿企业选择不违规生产。为此，安监局必须增强查实煤矿企业违规生产的概率 P_2、加大对违规生产煤矿企业的惩罚力度 F，从而可以保证煤矿企业选择违规生产时的收益为负，即 $Q - P_2C_2(1-\theta) - \delta[P_2F + C_2(1-\theta)(1-P_2)] < 0$，则追求利润目标的理性的经济人——煤矿企业唯一的策略选择就是不违规生产。

因此，在 δ 取值范围在 $\dfrac{Q - P_2C_2(1-\theta)}{P_2F + C_2(1-\theta)(1-P_2)} < \delta < \dfrac{Q - P_2C_2(1-\theta)}{C_2(1-\theta)(1-P_2)}$ 的情况下，如果安监局能够提高对违规生产煤矿企业的查实力度 P_2，并加大对查实存在违规生产行为的煤矿企业的惩罚力度 F，则安监局可以在不加强安全监管执行力度、降低安全监管成本付出的情况下提高监管执行效率。

（3）对于追求长期利润目标、选择不违规生产的煤矿企业来讲，必定有 $\delta \geqslant \dfrac{Q - P_2C_2(1-\theta)}{C_2(1-\theta)(1-P_2)}$，并且满足

$$Q - P_2C_2(1-\theta) - \delta[P_2F + C_2(1-\theta)(1-P_2)] < 0 \tag{7-12}$$

则对于这些不违规生产的煤矿企业，安监局应予以奖励或者给予其安全免检的优惠。

（4）对煤矿企业安全投入监管的有效性取决于多个方面的安排，但对这些安排的选择存在优先次序。由式（7-7）可知，安监局查实煤矿企业违规生产的罚款 F、煤矿企业的折现因子 δ 等都能影响安监局对煤矿企业安全投入进行监管的最优执行力度 P_1。但是在煤矿企业的折现因子 δ 取值在 $\dfrac{Q - P_2C_2(1-\theta)}{P_2F + C_2(1-\theta)(1-P_2)} < \delta < \dfrac{Q - P_2C_2(1-\theta)}{C_2(1-\theta)(1-P_2)}$ 的情况下，无论安监局对煤矿企业违规生产的罚款 F 有多高，都不会对安监局的最优监管力度 P_1 的选择产生影响。因此，若想对煤矿企业的安全投入实施有效的监管，则需满足一定的条件，即对煤矿企业安全投入违规的罚款 F、煤矿企业的折现因子 δ 以及对安监局的最优监管概率 P_1 的选择必须按照一定的优先顺序：首先，要根据其折现因子 δ 值的大小将煤矿企业划分为不同的类型，即追求短期利润目标和长远利润目标的煤矿企业；其次，明确安全投入违规的煤矿企业对其违规行为被查实并被征收罚款力度 F 的态度；最后，选择最优的安全监管执行力度 P_1。

7.2　煤矿企业、安监局与地方政府的博弈关系

7.2.1　煤矿企业、安监局与地方政府三方静态模型的建立

1）模型的假设

（1）博弈方：7.1 节分析了煤矿企业和安监局之间的策略选择，但在现实中，在煤矿安全监管方面实际上涉及的利益主体是三个，除了安监局和煤矿企业，还有地方政府，而在前面的博弈模型中略去了地方政府，没有考虑地方政府的策略选择对安全监管博弈均衡的影响。事实上，煤矿企业往往是地方政府财政收入的一个主要来源，因而随着煤矿企业

对地方财政贡献的增加,地方政府倾向于对煤矿企业的安全投入违规行为及其可能导致的安全事故提供相应的庇护,两者之间有结成同盟的驱动力,因此地方政府的策略选择有可能直接对安监局及煤矿安全事故受害人的利益造成损害。在大多数情况下,安监局并不清楚地方政府和煤矿企业是否结成同盟,也不知道地方政府采取的是配合还是非配合行动,因此安监局在安全监察方面的成本和难度大大增加。

（2）博弈各方的行动选择：博弈参与人——安监局和煤矿企业的行动选择集合分别为 A 和 B ,其策略组合具体地可以表述为 $A = \{A_1, A_2\} = \{$查处,不查处$\}$, $B = \{B_1, B_2\} = \{$违规,不违规$\}$ 。

（3）信息：假定博弈双方的决策和行动是同时作出的,双方决策的制定独立于对对方决策的了解,即双方缺乏关于对方决策和行动的信息。因此,本节所建立的模型是非合作静态博弈。

（4）支付,即博弈各方的收益和/或支出：出于逐利目标,为了最大化其经营利润,煤矿企业倾向于在安全投入方面选择违规。假设选择安全违规决策能够给煤矿企业带来收益 Q （ $Q \geqslant 0$ ）,而作为履行煤矿企业安全生产监管职责的国家行政机构,安监局以概率 P_1 （ $0 \leqslant P_1 \leqslant 1$ ）履行监管职责,即监管力度为 P_1 、执行监管的成本支出为 C_1 （ $C_1 > 0$ ）。

综上,本节的三方博弈模型具体假设如下。

（1）博弈参与人。安监局、地方政府及煤矿企业。

（2）博弈各方的行动选择或策略集合。安监局的行动选择集合为 $A = \{A_1, A_2\} = \{$查处,不查处$\}$ ；地方政府的行动选择集合相应地可以分为 $B = \{B_1, B_2\} = \{$配合,不配合$\}$ ；煤矿生产企业的行动选择集合也是两种策略,即 $C = \{C_1, C_2\} = \{$违规,不违规$\}$ 。

（3）信息。博弈各方行动策略选择的作出是同时进行的,博弈参与人缺乏关于博弈对方决策和行动的信息。因此,本节所建立的模型是完全信息静态博弈。

（4）支付,即博弈各方的收益和/或支出。基于博弈参与三方不同的立场,其各自的支付或收益如下。

安监局的支付为：安监局代表国家的利益,对煤矿企业的安全投入实施监管是其职责,当煤矿企业违规时安监局对其的查处成本为 C ；安监局对煤矿企业违规生产行为进行查处时,如果地方政府选择配合策略,则安监局对煤矿企业的违规行为征收查实罚款 D ,并要求煤矿企业纠正违规行为进行安全建设投入 I ,而当地方政府选择不配合策略时,安监局无法对煤矿企业的违规生产行为进行查实,从而不能征收罚款,则查实罚款为 0；安监局对煤矿企业在安全投入方面的违规生产行为不履行监管职责时,其损失为 $L = f(E, X, Y)$,该损失来自三个方面,即机会损失 E 、公众形象损失 X 、中央或上级政府对其的失职处罚 Y , L 是这三方面损失的递增函数。

煤矿企业的支付为：如果煤矿企业选择在安全投入方面违规生产并且不被安监局查处,其可获得额外利润 R ；反之,选择不违规生产,则煤矿企业需对安全建设的投入为 I 。

地方政府的支付为：地方政府不配合安监局的查处行为可获得额外收益为 W ；若采取配合行为则会损失收益 V 。

一般地，只要安监局执行安全监管职责都可以查实煤矿企业的违规生产行为，并对违规生产的煤矿企业征收罚款 D，且罚款 D 大于安监局执行监管的成本支出 C，即有 $D > C$。

2）博弈策略和战略选择

本章的博弈模型中，博弈参与各方的策略均是混合策略，因此博弈均衡为非纯策略均衡。安监局的混合策略 $S_1 = (\alpha, 1-\alpha)$，即安监局执行安全监管职责的概率为 α，不执行安全监管即不对煤矿企业的违规生产行为进行查处的概率为 $1-\alpha$；煤矿企业的混合策略 $S_2 = (\beta, 1-\beta)$，即煤矿企业在安全投入方面选择违规策略的概率为 β，选择不违规生产策略的概率为 $1-\beta$；地方政府的混合策略 $S_3 = (\theta, 1-\theta)$，即地方政府选择配合安监局的查处行动的策略概率为 θ，选择不配合安监局查处行动策略的概率为 $1-\theta$。

3）博弈参与人的效用函数

根据安监局、煤矿企业和地方政府的博弈次序和战略选择，得到三方的效用函数如下。

安监局的期望效用函数为

$$U_1(S_1, S_2, S_3) = \alpha[(D-C)\beta\theta + (-C)(1-\beta\theta)] + (1-\alpha)[(-L(D,X,Y))\beta + C(1-\beta)] \quad (7\text{-}13)$$

煤矿的期望效用函数为

$$U_2(S_1, S_2, S_3) = \beta[-(D+I)\alpha\theta + R(1-\alpha)] + (1-\beta)(-I) \quad (7\text{-}14)$$

地方政府的效用函数为

$$U_3(S_1, S_2, S_3) = \theta[(-V)\alpha\beta + W(1-\alpha)\beta] + (1-\theta)(-V) \quad (7\text{-}15)$$

7.2.2 三方博弈模型的纳什均衡

对式（7-13）求 α 的偏导数并令其为零，得到安监局最优的一阶条件为

$$\partial U_1 / \partial \alpha = \beta(D\theta + L(D,X,Y) + C) - 2C = 0 \quad (7\text{-}16)$$

因此，可以得到

$$\beta^* = 2C / (D\theta + L(D,X,Y) + C) \quad (7\text{-}17)$$

即当煤矿企业采取"违规"行动的概率 $\beta < 2C / (D\theta + L(D,X,Y) + C)$ 时，安监局的最优选择是采取"不查处"行动；而如果 $\beta > 2C / (D\theta + L(D,X,Y) + C)$，则安监局的最优策略是 A_1；如果煤矿违规的概率 $\beta = 2C / (D\theta + L(D,X,Y) + C)$，则安监局的最优行动是以 $(2C / (D\theta + L(D,X,Y) + C)$，$1 - 2C / (D\theta + L(D,X,Y) + C))$ 的概率随机选择"查处"和"不查处"。

对式（7-14）求 β 的偏导数并令其为零，得煤矿企业最优的一阶条件为

$$\partial U_2 / \partial \beta = R + I - \alpha(R + D\theta + I\theta) = 0$$

因此得到

$$\alpha^* = (R + I) / (R + D\theta + I\theta) \quad (7\text{-}18)$$

由式（7-18）可知，当安监局履行安全监管职责、选择查处安全违规策略的概率 $\alpha < (R+I)/(R+D\theta+I\theta)$ 时，煤矿企业的最优行动策略必然是违规生产；而当安监局的查处概率 $\alpha > (R+I)/(R+D\theta+I\theta)$ 时，煤矿企业的最优行动策略选择只能是不违规生产策略；总之，当安监局的查处概率 $\alpha < (R+I)/(R+D\theta+I\theta)$ 时，煤矿企业在安全投入方面的最优行动策略是以 $((R+I)/(R+D\theta+I\theta), 1-(R+I)/(R+D\theta+I\theta))$ 的概率分别随机选择违规生产策略和不违规生产策略。

联立式（7-17）和式（7-18）可得此博弈的混合纳什均衡为

$$S^* = (S_1^*, S_2^*) = ((R+I)/(R+D\theta+I\theta), 2C/(D\theta+L(D,X,Y)+C)) \qquad (7\text{-}19)$$

由式（7-19）可知，当安监局选择查处行动策略的概率为 $\alpha^* = (R+I)/(R+D\theta+I\theta)$ 时，煤矿企业选择违规生产行动策略的概率为 $\beta^* = 2C/(D\theta+L(D,X,Y)+C)$，此时，安监局和煤矿企业双方的利益目标都将最大化，博弈达到均衡。

对式（7-15）求 β 的偏导数并令其为零，得到煤矿企业最优行动的一阶条件为

$$\partial U_3/\partial\beta = -\theta V\alpha + W(1-\alpha) = 0$$

因此得到

$$\theta^* = W(1-\alpha)/(V\alpha) \qquad (7\text{-}20)$$

即当地方政府采取"配合"的概率 $\theta < W(1-\alpha)/(V\alpha)$ 时，煤矿企业的最优行动为违规生产；而当地方政府采取"配合"的概率 $\theta > W(1-\alpha)/(V\alpha)$ 时，煤矿企业的最优行动为不违规生产。

7.2.3　三方博弈均衡结果的分析

由三方博弈均衡解式（7-17）可知，煤矿企业选择违规生产的最优概率为 $\beta^* = 2C/(D\theta+L(D,X,Y)+C)$，其正向取决于 C，负向取决于 D 和 $L(D,X,Y)$。因此，可以通过降低安监局查处违规的成本、加大煤矿企业被查处违规生产的罚款以及增加地方政府失职的损失来促使煤矿企业选择安全生产策略。

由式（7-18）可知，安监局的最优监管概率 $\alpha^* = (R+I)/(R+D\theta+I\theta)$ 取决于煤矿企业违规生产额外利润 R、煤矿企业违规生产行为被查实的罚款 D、煤矿企业安全建设投入 I 以及地方政府选择配合安监局查处的概率 θ，且 α^* 正向取决于 R 和 I，反向取决于 D 和 θ。I 是一个特殊的变量，与煤矿的自然条件、违规程度有关，煤矿的自然条件不好，为了安全生产，企业势必会投入更多的 I 以保证生产的安全，因此可以把 I 看作固定变量。综合来看，通过降低煤矿违规的额外收益、加大处罚力度和提高地方政府的配合程度可以有效降低安监局的执行概率、降低监督成本。

由三方博弈均衡式（7-20）可知，$\theta^* = W(1-\alpha)/(V\alpha)$。当地方政府采取"配合"的概率 $\theta < W(1-\alpha)/(V\alpha)$ 时，煤矿企业的最优行动为违规生产；而当地方政府采取"配合"的概率 $\theta > W(1-\alpha)/(V\alpha)$ 时，煤矿企业的最优行动为不违规生产。由于地方政府选择配合安监局查处的概率正向取决于 W、负向取决于 V，因此安监局需监督违规生产的煤矿企业，以防止地方政府和煤矿企业结成同盟。

前面的三方博弈均衡表明，煤矿企业在安全生产投入方面的决策取决于安监局和地方政府的不同策略选择，那么得到以下结论。

首先，安监局安全监管执行主体和委托人职责的良好履行，需通过完善并贯彻实施相关安全监管的法律和法规来实现。此外，要成立高规格、统一的煤矿生产安全监管机构，以避免地方政府和煤矿企业共谋和安全监管主体不明等问题。同时，为了防止地方政府滥用职权或不作为，有必要对地方政府在煤矿安全方面进行考核，并建立长效机制，以有效约束和激励地方政府在煤矿安全监管选择配合安监局的查处行动策略。

其次，作为代理人，煤矿企业相对地方政府对自身的安全投入具有完全信息，能够逃避地方政府对其安全投入的监管。同时，煤矿企业相对于安监局来讲，在博弈中其策略选择的主动性使其居于主导地位。因此，促使煤矿企业安全生产，不但要从立法方面对煤矿企业的安全生产进行监管，还要在加大对其违规生产惩罚力度的同时，通过对地方政府进行奖励以促使其配合安监局对违规生产的煤矿企业查处。

7.3　三方博弈模型的改进

7.3.1　改进三方动态模型的建立

1）改进动态模型的假设

前述的三方博弈模型假定了博弈参与各方拥有完全信息，并且博弈各方的策略选择仅有一次机会，即所建立的博弈模型为非重复、一次性博弈模型。因此，博弈均衡时，对于地方政府，其最优的决策选择是随着其从煤矿企业获取的利益（即煤矿企业对地方政府财政的贡献）的增加而会对煤矿企业的违规生产行为提供更强烈的庇护，从而地方政府的行为就表现为不配合安监局安全监管的非合作行为。本节把 7.2 节的完全信息静态博弈改进为多阶段的动态博弈，且将不完全信息引进来。在这种非完全信息的动态博弈即博弈参与人的策略选择可以作多次调整的情况下，安监局的监管策略选择会因地方政府的不同行为选择而进行调整，而地方政府也相对倾向于选择与安监局合作的策略。从而在地方政府选择配合安监局实施安全监管的合作策略情况下，安监局履行安全监管职责的成本支出及监管难度将会大为降低。

与 7.2 节三方单次博弈不同，本节的博弈模型为包括安监局、地方政府与煤矿企业三方的多次重复动态博弈模型。本节动态博弈模型的基本假设如下。

（1）博弈参与人。本博弈模型的参与人有三方：安监局、煤矿企业与地方政府。

（2）博弈各方的行动。安监局可以选择的行动集合假设为 $S_1 = \{A_1, A_2\} = \{$惩罚，奖励$\}$；地方政府的行动策略集合假设为 $S_2 = \{B_1, B_2\} = \{$执行，不执行$\}$；而煤矿企业的行动集合则为 $S_3 = \{C_1, C_2\} = \{$违规，不违规$\}$。

（3）信息。在多次重复的动态博弈模型中，博弈参与人的策略选择遵循一定的次序，因此，后作决策的博弈参与人可以根据先作决策的博弈参与人的行为选择自己的策略行为，从而本节的动态博弈模型为有限完全信息动态博弈模型。

（4）支付。安监局的支付假设与地方政府有很大关系，如果地方政府是弱势政府，对煤矿企业执行力弱，则安监局的监管难度比较大；如果地方政府是强势政府，与安监局配合好，对煤矿企业的执行力强，则安监局的监管难度会非常小。地方政府知道自己的类型，安监局和煤矿企业都不知道，但是安监局可以通过选择惩罚或者奖励来改变地方政府的决策。

在当前的煤矿安全技术水平下，如果煤矿企业在安全投入方面不存在违规行为，则煤矿安全事故发生的概率极小（几乎不会发生），此时，煤矿企业和地方政府均获得正常回报，支付为 $(P,0)$；如果地方政府选择合作策略、配合安监局执行监管职能并发现煤矿企业的违规行为，则地方政府的收益会因煤矿企业和安监局的不同回报变化而变化，即来自煤矿企业的收益减少 M、来自安监局的奖励为 H，从而煤矿企业和地方政府的支付变化为 $(P,H-M)$。当煤矿企业选择违规生产、地方政府的行为选择为不配合安监局的监管（即地方政府为弱势政府），则有两种可能：如果不发生安全事故，则煤矿企业违规生产的额外利润为 E、地方政府从煤矿企业获得收益 b，双方的支付为 (E,b)；如果在煤矿事故发生概率为 r 的情况下发生了安全事故，煤矿企业因安全事故损失 I，地方政府也会因其失职行为受到安监局的惩罚 L，此时双方的支付为 $(-I,-L)$。

2）改进动态博弈模型的博弈顺序和战略选择

令 P_t 为企业在 t 期的盈利能力，$t=1, 2, \cdots, T$。改进的动态博弈顺序和战略选择描述如下。

（1）根据地方政府是否执行监管职能，可以区分为两类：一类地方政府是不执行监管、为弱势政府的概率为 p；另一类地方政府是执行监管、为强势政府的概率为 $1-p$。强势地方政府的策略选择最初为不执行策略，只有当发现煤矿企业违规时，才开始选择执行策略即检查并报告安监局煤矿企业的违规行为，并将该执行策略坚持到博弈结束。煤矿企业对地方政府的弱势、强势缺乏信息，即只有地方政府知道自身的类型。

（2）对于煤矿企业，如果其策略选择是不违规生产，则其会配合地方政府的检查；相反，如果煤矿企业的策略选择是违规生产，其对地方政府的检查将有两种可能，即干扰检查或不干扰检查。

（3）安监局只有一种类型，必定是负责任的机构。它会时刻关注煤矿安全和地方政府的行为，如果发现地方政府采取"不作为"行为，将会严厉惩罚地方政府；如果发现地方政府采取"作为"行为，则会奖励地方政府。

在煤矿企业折现因子 δ 取值为 1 的情况下，煤矿企业、安监局和地方政府三方的博弈策略选择次序为：首先，煤矿企业选择到弱势地方政府的概率 p；其次，煤矿企业和地方政府之间的有限次重复博弈；最后，安监局将会根据查处结果对地方政府实施惩罚或者奖励。

3）改进动态博弈模型的效用函数

表 7-2 描述了煤矿企业与地方政府的策略选择及得益矩阵。其中，H_t 是地方政府执行监督职能而从安监局获得的奖励，L_t 是地方政府不执行监督职能因失职而受到的安监局对其的罚款，N_t 是煤矿企业安全生产的成本，b_t 是地方政府从煤矿企业获得的额外收

益，a_t^1 是煤矿企业欲违规生产而向地方政府寻租的成本，a_t^2 是地方政府执行监督的成本投入，E_t 是煤矿企业选择违规生产而获得的超额收益。

表 7-2　得益矩阵

煤矿企业			地方政府	
			执行	不执行
违规	寻租	无事故	$P_t - a_t^1$，$b_t - L_t - M_t$	$P_t - a_t^1 + E_t$，$b_t - L_t$
		事故	$P_t - a_t^1 - I_t$，$b_t - L_t - M_t$	$P_t - a_t^1 - I_t$，$b_t - L_t$
	不寻租	无事故	P_t，$H_t - a_t^2 - b_t$	$P_t + E_t$，$-b_t - L_t$
		事故	$P - I_t$，$H_t - a_t^2 - b_t$	$P - I_t$，$-b_t - L_t$
不违规			$P_t - N_t$，$H_t - a_t^2$	$P_t - N_t$，$-L_t$

假设：

$$P_t - a_t^1 > 0, \quad H_t > b_t - L_t, \quad a_t^1 < E_t \qquad （7-21）$$

显然根据表 7-2 的得益矩阵，在满足式（7-21）的情况下，安监局、煤矿企业和地方政府存在唯一的纳什均衡，（即惩罚、违规-寻租、不执行）。该均衡结果是在完全信息条件下有限重复博弈的唯一子博弈精练纳什均衡结果。由此说明，因为地方政府和煤矿企业之间存在共同的利益，从而地方政府的策略选择更有可能是不执行策略，同时，在煤矿企业因违规生产而导致安全事故时，地方政府的策略选择是隐瞒即不会向安监局进行上报，并且地方政府选择不执行策略的可能性和积极性会随着其从煤矿企业获得的好处的增加而增大。

7.3.2　改进动态博弈模型的纳什均衡

下面的分析将表明，在不完全信息三方博弈模型中，煤矿企业坚持"违规-寻租"的策略选择在一定条件下非最优。

在改进的动态博弈模型中，煤矿企业处于主动地位，它的行动决定了地方政府和安监局的下一步行动。在 $t = 1$ 阶段，如果煤矿企业的首次决策选择是违规生产并因此而向地方政府寻租，则地方政府在了解煤矿企业违规生产的情况下作出自己的策略选择。即从 $t = 2$ 阶段开始直到博弈结束，若地方政府选择不履行监督职能，则对于煤矿企业来讲继续违规生产、进行寻租的策略是最优的。此时，上述策略即构成博弈均衡，则煤矿企业的最大收益为

$$U_1(S_1, S_2, S_3) = P_1 - a_1^1 + E_1 + p\{r[(P_2 - a_2^1) + \cdots (P_t - a_T^1)] + (1-r)[(P_2 - a_2^1 - I_2) + \cdots + (P_T - a_T^1 - I_T)]\}$$
$$+ (1-p)\{r[(P_2 - a_2^1 + E_2) + \cdots + (P_T - a_T^1 + E_T)] + (1-r)[(P_2 - a_2^1 - I_2) + \cdots + (P_T - a_T^1 - I_T)]\}$$

$$（7-22）$$

如果从博弈开始的 $t = 1$ 阶段，煤矿企业选择相反的策略即遵循安全生产规定、选择不违规生产策略，则在地方政府坚持安全检查的情况下，煤矿企业将会坚持该策略到博弈的

最后阶段 T ；相反，如果在某一阶段 t ，地方政府改变策略为不执行检查，则从 $t+1$ 阶段开始，煤矿企业会选择违规策略直到博弈结束。在此战略下，煤矿企业的最小得益是

$$U_2(S_1,S_2,S_3) = p[(P_1-N_1)+(P_2-N_2)+\cdots+(P_T-N_T)]+(1-p)\{(P_1-N_1) \\ +r[(P_2-a_2^1+E_2)+\cdots+(P_T-a_2^1+E_T)]+(1-r)[(P_2-a_2^1-I_2)+\cdots+(P_T-a_T^1-I_T)]\} \tag{7-23}$$

联立式（7-22）和式（7-23），则在满足下列条件的情况下，煤矿企业最初的不违规生产策略是最优的：

$$U_1(S_1,S_2,S_3) < U_2(S_1,S_2,S_3)$$

即

$$P_1-a_1^1+E_1+p\{r[(P_2-a_2^1)+\cdots+(P_T-a_2^T)]+(1-r)[(P_2-a_2^1-I_2)+\cdots+(P_T-a_T^1-I_T)]\} \\ +(1-p)\{r[(P_2-a_2^1+E_2)+\cdots+(P_T-a_T^1+E_T)]+(1-r)[(P_2-a_2^1-I_2)+\cdots+(P_T-a_T^1-I_T)]\} \\ < p[(P_1-N_1)+(P_2-N_2)+\cdots+(P_T-N_T)]+(1-p)\{(P_1-N_1)+r[(P_2-a_2^1+E_2)+\cdots+(P_T-a_T^1+E_T)] \\ +(1-r)[(P_2-a_2^1-I_2)+\cdots+(P_T-a_T^1-I_T)]\} \tag{7-24}$$

得到

$$p > p^* = \frac{r\left[\sum_{i=2}^{T}(P_i-a_i^1+E_i)\right]+(P_1-a_1^1+E_1)}{\sum_{i=2}^{T}(a_i^1+I_i-N_i)-r\sum_{i=2}^{T}I_2} \tag{7-25}$$

即在 $p > p^*$ 的情况下，煤矿企业将会在一开始选择不违规策略。

7.3.3　改进博弈模型的结果分析

在三方不完全信息博弈模型中，如果式（7-25）成立，则煤矿企业在一开始即选择干扰策略为非最优，该结果与完全信息条件下的结论不同。对于上述改进博弈模型均衡解可作如下分析。

第一，若想使地方政府选择执行监督职责策略，则安监局可通过建立一种长效的奖惩机制确保这一目标的实现。由表 7-2 地方政府和煤矿企业的得益矩阵可知，当煤矿企业的策略选择是违规-寻租时，不负责的弱势地方政府选择不配合安监局监管策略时的收益更大，则在相关有效奖励或惩罚机制缺位的情况下，地方政府的最优策略选择必然是选择不执行监管、不上报策略。因此，只有当安监局对地方政府的配合执行监管行为予以有效奖励，并大于地方政府选择配合执行监管策略的成本支出时，地方政府才有动力选择履行监管职能的策略。

同时，安监局对地方政府配合执行监管职能的奖励应随着煤矿企业对地方政府寻租的增强而增加。由此说明，在煤矿安全生产监管中，国家必须通过对地方政府建立有效的奖惩机制以促使其履行监管职责，即对失职、不履行监管职能的地方政府进行惩罚，对尽职的地方政府进行奖励。在这种机制下，当煤矿企业由于违规生产而导致安全事故时，地方政府的选择将会是配合检查。

第二，安监局和地方政府对于煤矿安全监管的强硬态度将有利于降低煤矿安全事故发

生的概率。由式（7-25）可知，地方政府是弱势政府的概率 p 与 P 正相关，这说明不负责、弱势地方政府的先验概率 P 越小，煤矿企业和地方政府之间的博弈将会越快达到均衡。当 P 小到一定程度时，煤矿企业有可能在一开始就选择不违规生产策略。因此，地方政府对于煤矿安全监管的强硬形象会大大降低煤矿安全事故的发生，且无论地方政府为弱势政府的概率 p 有多小，总有 $P > P^*$，则煤矿企业在博弈一开始即选择违规生产策略非最优，由此说明，当博弈是无限重复博弈时，即使地方政府为弱势或强势政府是不确定的，煤矿企业的最优策略选择都可能是不违规生产。该结论与完全信息情况下博弈均衡时煤矿企业的最优决策是违规生产的结论相反。

第三，煤矿企业违规时对地方政府的检查进行干扰的收益会随着其违规生产的额外收益下降及寻租成本增加而变小。而当干扰成本很低时，煤矿企业的策略选择总是为干扰地方政府的监管行为。因此，要使煤矿企业违规生产、寻租策略的收益极低，促使煤矿企业选择不违规生产、注重安全生产，需要对地方政府进行监管，加大煤矿企业对地方政府的寻租成本、煤矿企业干扰地方政府检查的成本，降低煤矿企业的违规生产收益。

7.4 本章小结

近年来，随着政府加强对煤矿安全工作的重视程度以及科技水平的提高，我国煤矿安全状况有所改善，但是一些具有恶劣影响的特大煤矿安全事故仍时有发生，尤其是地方政府和煤矿企业结成同盟的情况下，给安监局的安全检查工作带来了很大麻烦。对于煤矿安全事故致因的分析发现，人为因素是导致煤矿安全事故的重要因素，即绝大多数煤矿安全事故都是责任事故。其中，在安全监督体制上的重要表现是负责安全监管的地方政府配合安监局实施监管的力度和惩罚措施不够、煤矿企业违规生产获取的利润远远高于被查处的惩罚支出，由此导致煤矿企业安全投入不足，安全事故频繁发生。

本章应用博弈论对煤矿安全问题开展了分析，重要的研究工作和结论如下。

（1）建立了包含煤矿企业和安监局的博弈模型。纳什均衡的求解表明，安监局的安全监管力度越大、查实违规生产的罚款越高以及煤矿企业处理违规生产的安全事故的成本越高，煤矿企业违规生产的可能性就越低。而当安监局的安监成本较高时，煤矿企业反而更倾向于采取违规生产策略。

（2）为完善煤矿企业和安监局博弈模型，在此基础上，建立了包含煤矿企业、安监局和地方政府的静态博弈模型。经过模型的均衡求解可以发现，通过降低煤矿违规的额外收益、加大处罚力度和提高地方政府的配合程度可以有效降低安监局的执行概率，从而降低监督成本。因此，安监局应该尽量监督煤矿企业对地方政府的寻租行为，以防止地方政府和煤矿企业结成同盟。

（3）建立更加完善的三方动态博弈模型，此时，三方将会根据对方的行动采取相应的对策。经过对动态博弈模型的均衡求解可以发现，当三方存在不完全信息而且博弈的次数足够多时，无论地方政府一开始是否为负责任的政府，煤矿企业最终都会成为安全生产的企业。在本动态模型中，安监局的奖励和惩罚措施将会起到关键作用。

第8章 基于预警的煤矿安全管理体系再造

无数的生产与生活实践表明，每个事故都不是无端发生的，都有着这样或者那样的警示或前兆，也就是所谓的事故风险信息，而且它们中的大部分还具有可观测性，甚至有些还具有一定的可控性。如果通过构建基于预警的煤矿安全管理体系，再辅之以科学合理的监控预警机制，从理论意义上看，所有的事故就可以完全避免，或者说至少可以将那些因事故导致的损害降至最小范围。因此，伴随着煤矿事故的频繁发生以及安全预警技术的深化普及，适时地建立一套完整科学的煤矿安全预警管理体系显得尤为重要。

对于煤矿安全管理体系，最为关键与核心的环节就是如何针对煤矿事故建立相应的预警模型。本章在前面章节事故发生机理和灰色关联模型分析的基础上，根据系统安全论的原理，构建煤矿事故预警模型。同时，围绕预警管理贯穿于煤矿企业生产运作全过程的思想，运用业务流程重组的相关理论，以煤矿企业的整体资源整合为重点，创新性地提出一个基于预警管理理念的煤矿安全管理流程体系再造的模式，包括相应的组织管理机构、企业日常运作模式的变革等。

8.1 煤矿安全预警管理的系统原理

安全预警管理的理论基础分为两部分，一个是系统论中的非优理论和系统控制论，另一个就是安全科学。

一方面，系统非优理论奠定了预警管理理论的思想基础。系统非优理论认为，系统包括"优"和"非优"两部分，因其受到外界环境的影响与刺激，系统一直处于持续不断的运动状态，即系统不断运动于"优"与"非优"之间。而进行灾害预警管理的作用就是从系统"非优"的角度着手，通过对系统"非优"的形成、原因、表现形式和规律的分析判断，建立一套适应于系统"非优"的评价指标体系，借助预警管理措施与方法，进而帮助系统由"非优"向"优"状态回归，从而缩短系统"非优"状态时长，减少灾害事故的发生概率与频次。

例如，郑煤集团在安全生产中采用了"三项评价，一项评定"预评价办法。"三项评价"是对瓦斯、水害、顶板的状态进行评价；"一项评定"是对机电设备的状态进行评定。即每月都会组织相关人员，对工作地点的瓦斯、水害、顶板的状况进行评价，对机电设施的工作状态进行详细的评定，并把评价结果记录下来，每月下旬把预评价的结果报告给集团公司，集团公司组织会审，会审结束后就把会审的结果公布在公司的网页上。每个评价员及时关注对自己评价的反馈，及时对可能出现的危险因子进行处理，使其从可能危险的状态变成安全状态。基于上述预警系统方法，郑煤集团实现了系统"非优"向"优"的转变，同时有助于本书基于预警的煤矿安全管理体系再造部分的理论描述。

从实质来看，进行预警管理就是要对整个生产过程进行控制，区别于传统的管理控制，预警管理的任务主要是从反方向角度防范危机的发生，进而保证生产运作处于不出错且正常进行的受控状态。

　　另一方面，安全科学所具有的作用不容忽视，奠定了预警管理工作的理论基础。安全
科学理论认为，事故的发生具有随机性、偶然性和不确定性，但并不是完全无规律性可言
的，也有着一定的必然性、可预见性、可控性。因此，如果适时准确把握了其规律性与必
然性，就可以在有效防控的基础上，最大可能地降低灾害事故带来的损失与破坏，至少将
其降至最低限度或所允许的范围之内[75]。

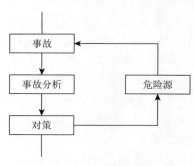

图 8-1　传统过程控制

与传统过程控制相区别的是，安全预警管理的结构
以及监测的对象是不一样的。如图 8-1 所示，传统过程
控制就是单一的反馈控制模式，即通过对已有事故资料
进行分析与查因拟订相应的防范措施，进而更好地实现
对危险源的监控，完善其管理工作。传统过程控制在生
产工艺技术落后的情况下发挥了一定的作用，然而这种
反馈控制的模式基于线形逻辑进行管理控制，不利于复
杂巨系统多因素的分析和管理，该方法对于事故预控的
效果并不稳定。安全科学技术与理论创新以及现代控制
论、计算机科学、系统仿真、人工智能和其他交叉学科
的发展，为事故灾害控制理论提供了新的研究路径和技术平台，人们认识到控制事故灾害
的关键是对事故进行预测和预防。

　　与现代风险管理的风险辨识、评价以及控制的三步骤相同的是，煤矿安全生产预警管
理也基于上述三个过程。也就是说，在对既定的安全生产场所所涉及的预警要素的风险辨
识基础上，分别对上述预警要素进行风险评价，然后评出相对应的风险等级与预警等级，
通过发布预警信号进而实现风险控制。然而，煤矿安全预警管理并不是这样简单的三个过
程，而是借助前馈与反馈耦合作用的事故控制管理模式，使得重大事故得以超前预防与控
制。结合图 8-2 可以知道，煤矿安全预警管理就是，通过对事故风险监测指标进行风险辨
识，然后经由预警管理工作人员对各指标进行风险评价，进而控制预警管理对象来降低事
故风险；同时，借助相关信息途径反馈风险控制的实施结果，即利用预警机构和工作人员获
取监测信息的途径反馈预警指标的情况，以便预警管理人员更好地制定与把握预防控制措施；
再者，得到反馈信息之后较之于最初的预警管理目标存在一定的差距，预警管理人员基于差
距来完善控制策略，提出改修方案。经过数次不间断的循环与改善，完成安全预警管理程序，
加速企业现状向既定的预警计划目标靠拢，以促进预警管理工作稳定在安全状态。

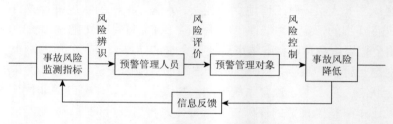

图 8-2　煤矿安全预警管理系统原理

8.2　煤矿事故预警模型的构建

综合上述煤矿安全预警管理的理论原理以及具体实践案例的分析，本书同时运用定量与定性的方法建立事故预警模型，模型依据事故致因机理的逻辑基础，着重强调事故风险监测过程，并借助灰色关联分析模型对事故与预警管理情况进行分析与诊断。如图 8-3 所示，其主要流程包括信息采集、数据筛选、风险评价、阈值确定和报警五个环节[76]。

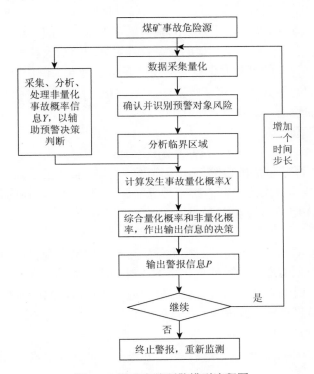

图 8-3　煤矿事故预警模型流程图

1）信息采集

信息采集环节的主要工作任务就是结合所有的煤矿事故危险源，将其相关信息按照人员、设备、环境、管理和信息等分类采集，重点在于采集面的范围，覆盖面应尽量宽泛，从而确保万无一失[77]。

2）数据筛选

对采集的全部警情信息进行系统安全分析处理，对于可以量化的数据进行灰色关联分析，对于只能定性的信息交由专家组审核筛选，通过评估来剔除那些重复或者无效的数据信息。

3）风险评价

在对警情信息数据完成筛选之后，则需要对采集的有用信息进行风险评价，对照危险源标准体系，对照可能产生的警情风险指标。

4）阈值确定

对于阈值的确定需要借鉴已有资源与经验数据，拟订出可能的事故预警风险指标的临界范围，即所谓的阈值确定。如果通过评价判断知道事故预警风险数据与阈值相吻合或者趋于接近，那么就说明事故发生的可能性非常大，必须引起高度重视。

5）报警

通过综合量化分析和定性评估，作出报警决策。

从预警流程的五个时序阶段可以看出，对于煤矿事故报警的关键就是对那些安全生产预警涉及的致因因素信息进行采集与量化处理，而且良好的信息处理也意味着安全预警工作的及时性、有效性与科学性。由于致因因素中既有可以量化的数据，也有大量非技术性的无法定量分析的因素，因此本书构建的模型重点对处理定量因素和处理定性因素进行了区分，以 X 表示能够计算的事故发生概率，以 Y 表示经过专家评估可能发生的事故概率，有了定量模型输出的概率 X 及非定量概率 Y 之后，根据具体情况综合考虑这两种概率，最终作出预警信息的输出，供决策者采用。

最后警情的计算准则为

$$P=aX+(1-a)Y, \quad 0 \leqslant a \leqslant 1 \tag{8-1}$$

值得注意的是，煤矿事故的危险源一般有两种类型：实体类危险源和状态类危险源，又称第一类危险源和第二类危险源。状态类危险源，即危险态，指的是对能量或危险物质有着约束或限制作用的措施被破坏或使之失效的所有不符合的、不安全的，抑或隐患的状态。

对于实体类危险源，在特定场所的特定条件与时期内是客观存在的、无变化的，无法实现彻底性消除；而危险态则是不断变化着的，时刻改变着该场所安全风险等级。因此，通过监控危险态的实时动态便可有效、全面地把握工作场所的安全状况。因此，本书在建立煤矿事故安全预警模型时，将危险态（即第二类危险源）看作安全预警管理中的重要预警要素，对其进行重点分析与说明。

基于前面煤矿致因机理的分析介绍，这里的煤矿安全预警要素（危险态）大体可以分为五类，具体如下。

（1）人员缺陷：主要是指失误或者不安全行为，如作业行为不当，对于操作工具的使用不对，作业的时间空间不当，进入违禁区域，不按规定佩戴安全帽等。

（2）设备缺陷：主要是指各种不安全状态，如作业设备不在标准工作状态、机器破损率较高、安全设施不足、作业距离太近、机器标识不明晰等。

（3）环境缺陷：多指作业环境的不安全状态，如井下挖掘环境、地面作业环境达不到安全生产标准，地质条件突变等。

（4）管理缺陷：制度设计的缺失、煤矿安全预案不完备、人员安排不当、人员培训和督促检查不到位等。

（5）信息缺陷：信息的缺乏、信息传递的失真等。

此外，必须充分考虑到事故预警的特殊性，要求事故警情预报在信息上的零差错和在时间上的零误差。作为安全生产预警管理的"触角"，预警要素的辨识过程显得尤为重要，理应坚持如下三个原则。

（1）广泛而全面的覆盖范围。预警要素在选择时要囊括一切致使事故可能产生的危险态，任何一个可能要素的缺失都昭示着漏警的威胁，因此对预警要素应该反复多次辨识。同时，辨识预警要素时应选择经验丰富的辨识人员，还要借鉴同行业、甚至其他行业内已有事故和险肇事故的分析报告。

（2）信息采集和分析要精确。描述预警要素时要做到信息准确，界限清晰，不同的状态采取不同的固定表述，避免出现交叉现象。这有利于场所工作人员了解不安全状态的特征，以保证员工可以及时有效地报警，同时增加了不同阶段统计工作的灵活性。

（3）要素更新的及时性。由于生产设备的更新换代，生产条件、方式、流程等的变化，相应的预警要素需要同步更新与完善，如适当地增加、减少或者修改。这也是为了更好地实现预警要素辨识的全面性与准确性。

8.3 基于事故预警的煤矿安全管理体系

煤矿事故预警模型的构建从理论上解决了从事故发生机理到安全管理对策的无缝衔接。鉴于对煤矿事故风险有效控制以及安全生产顺利进行的目标，构建一套基于事故与预警的煤矿安全管理体系很有必要。这个体系有着科学性、系统性的特点，是一个流程化的管理体系，其管理实质就是基于相关的预警管理制度措施来监控和改善企业的生产与管理活动，突破人员、管理和信息等的不安全状态，对企业生产运作实现全员、全方位的过程化安全管理。基于事故预警的煤矿安全管理体系包括：①煤矿风险等级体系；②预警管理维护体系；③煤矿事故预警体系；④风险干预应急体系；⑤安全预警评估体系（图 8-4）。

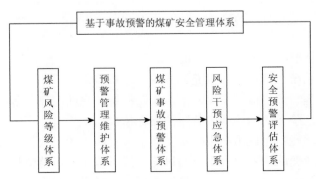

图 8-4 基于事故预警的煤矿安全管理体系

不同于传统煤矿安全生产管理的科层责任制度，基于事故预警的煤矿安全管理体系强调的是对事故风险的实时监测、动态跟踪、科学评价和及时救援，是对事故预警业务的流程化管理。从逻辑关系上讲，建立煤矿事故预警系统，首先需要明确界定的就是煤矿企业的风险等级体系，建立一套实时更新的煤矿风险数据库，在此基础上构建煤矿事故预警系统并适时更新和维护，一旦决策层收到警情报告，就启动风险干预和应急救援体系，将风险控制在可承受范围内或将事故危害控制在最低，最后再通过安全预警评估体系，对煤矿风险数据库进行更新，实现动态循环。

1）煤矿风险等级划分

本书所分的煤矿风险等级有四个级别，如表 8-1 所示，煤矿风险等级划分是借助风险评价理论实现的。

$$R=LP \qquad\qquad (8-2)$$

其中，R 表示煤矿风险的等级；L 表示危险严重度，指预警要素可能会引发的后果的严重程度；P 表示危险的概率，指预警要素可能会引发的后果的发生概率。

式（8-2）说明，煤矿风险等级划分取决于预警要素本身可能引起的后果的严重程度以及发生概率。

表 8-1　煤矿事故风险水平描述

风险等级	风险水平
高	当风险高于临界水平时不予接受，当风险降低至临界水平以下时予以接受并恢复正常工作
中	非合意的风险，尽量将风险控制在规定范围内
较低	尽量降低风险级别
低	一切正常运转

2）煤矿预警管理的创建与使用

预警管理对数据时效性的要求很高，而在实际生产运行中的大量数据需要及时处理并传导出预警信号，这些都不可能靠人工实现，因此预警管理必须借助计算机网络技术，创建相应的事故预警管理系统。在面临危险态时，只需及时输入，系统便会自动分析并发布预警信号，同时提出对应的控制措施。那么，建立煤矿事故预警管理系统就必须具备以下几个基本功能[78]。

（1）数据管理功能：如输入并及时报告危险态，观察、更新报警信息等。数据信息尽可能地实现与预警系统自动对接，以充分实现自动报警。

（2）数据的处理与预警信号发布功能：依照报警信息匹配风险等级并发布预警信号。警示信息允许附带危险态的图片或其超限的指标值。

（3）人机交互功能：允许用户跟踪检验其主客观认识的一致性，并且可以按需更新、加减预警要素，或者变动预警要素对应的风险等级，以保证报警信息的准确性[79]。

（4）控制措施提示功能：当预警信息发布后，及时提示对应的控制措施与应急预案，帮助相关人员有效控制风险。

（5）报告生成功能：通过系统将阶段性的预警信息进行汇总，并及时得出报告，有利于阶段性比较分析与整改。

3）风险干预和应急体系

进行风险预警的目的就是及时、有效地控制风险。煤矿事故的预警和应急是不可分割的整体，科学、系统和有效的风险控制措施是安全生产预警管理中必不可少的要件。因此，在对预警要素完成辨识后应该分别建立有效的风险干预对策，在公布预警信号的时候提出具体的风险控制措施。另外，安全预警管理系统还应该涵盖不同情境的应急预案，以备不时之需，并且各个要素都应有相应的应急预案，以备风险控制失效时及时启动救援工作，将损失降低至最低限度。

本书针对煤矿安全预警要素的四种风险等级，分别设定了四种相对应的预警等级和预警信号。这样就可以通过预警信号的发布直观知晓工作场所的风险等级水平，进而有利于及时有效地启用干预措施和应急预案。具体的相互对应关系如表 8-2 所示。

预警管理人员在获得警情报告后，应当即刻启动既定的风险干预措施，按照风险等级分别对应技术措施、管理措施、应急性管理以及应急救援四个阶段。风险等级低或较低，对实施干预对策后的生产过程进行监视，如果风险等级降低到可以接受的程度，则解除警报，恢复正常的安全生产状态，如果没有产生预期的效果，或风险向中高等级发展，应立即启动应急救援系统。

表 8-2　煤矿事故风险等级、预警等级、预警信号和风险干预对比

风险等级	预警等级	预警信号	风险干预
高	I	红色	应急救援
中	II	橙色	应急管理
较低	III	黄色	管理措施
低	IV	蓝色	技术措施

4）安全预警工作评估

当事故风险得到控制，警报解除后，应进行煤矿安全管理系统的全面评价，以找出其存在的缺陷。煤矿生产过程的内部、外部环境是不断发生变化的，当内部或外部环境变化较大时，应重新建立风险等级指标，以确保安全预警工作的持续有效性和实用性。

8.4　煤矿安全管理体系的构建步骤

与传统的科层制煤矿安全管理体制相区别，本书所提的煤矿安全生产管理体系是基于对风险控制中所有环节进行全面预防的成套流程化管理体系。具体而言就是围绕预警管理贯穿于煤矿企业生产运作全过程的思想，运用业务流程重组相关理论，以煤矿企业的整体资源整合为重点，提出一个基于预警管理理念的煤矿安全管理体系再造模式，包括相应的组织管理机构、企业日常运作模式的变革等[80]，如图 8-5 所示。

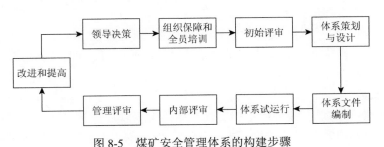

图 8-5　煤矿安全管理体系的构建步骤

结合图 8-5 可知，煤矿安全管理体系的构建一般需要领导决策、组织保障和全员培训、初始评审、体系策划与设计、体系文件编制、体系试运行、内部评审、管理评审、改进和提高等九个主要步骤[81]。

1）领导决策

煤炭企业的领导者不仅承担着落实安全管理工作的首要责任，也是安全问题的第一责任人。领导决策的正确与否决定着企业安全管理体系建设的成功与否。因此，只有当企业的领导者重视企业安全管理体系构建，同时给予相应的人财物等各方面的资源支持，才能在企业的整个生产过程中增强安全意识，才能更好、更全面地构建适应企业自身的安全管理体系，才能确保企业在制定生产规划的同时尽可能地具体化，以更好地实现企业利益最大化，降低安全事故风险。

2）组织保障和全员培训

领导的决策是前提，保障决策的落实与实施则需要提供组织保障，并适时进行全员培训。通过组建专门性的工作组制度来保证决策的落实与管理，工作组成员一般包含企业的不同部门员工，并且要求其成员对安全管理体系有一定的了解，沟通能力强，分工要明确，而且专职或兼职都可以。另外，对企业进行全员培训时，要求培训工作涵盖企业所有员工，既培训相关安全标准知识，又培训一定的岗位技能等。同时，为了使全员更好地参与安全管理体系的工作，保证体系信息交流通畅，还应当构建合理有效的内部协商机制与信息交流计划。

3）初始评审

在进行初始评审工作时，企业应组建一个专门的评审组，成员不局限于企业内部也可外聘，界定相关的评审范围，并给出具体的评审计划。在进行初始评审时，企业应对自身安全状况做到全面准确的了解，通过风险辨识与评价，找出风险防范的重点，以更好地确定控制策略与手段。同时，初始评审工作应尽可能文字化，以便构建安全管理体系之需。

4）体系策划与设计

在获取初始评审结果之后，应该即刻制定安全管理工作的期望目标以及相关实施措施，确立组织机构并明确其权责划分，构建相应的安全管理工作体系框架结构，制定出为策划活动服务的运作控制程序等。

5）体系文件编制

基于文件化管理的特点，在建立安全管理体系时最基础的工作就是编制相应的文件体系，要求对体系文件在不同阶段定期或不定期进行审阅与不断修改，完善其有效性。一般来说，体系设计的文件形式大致包括安全管理大纲与手册、工作程序文件与指令、作业文件与指导书以及记录表格等。文件化管理需要按照一定的标准进行，可以展现组织及其生产活动的特点，并能及时有效地控制管理体系中的重要环节，同时要保证与其原本的管理制度与规章程序相互协调。

6）体系试运行

在安全管理体系试运行时，应依据文件规定落实其管理目标、评价指标以及实施方案，通过试运行体系的日常监管与评价，进而修改完善之前的安全管理体系文件。之所以进行体系试运行，是为了将安全管理体系应用于实践，对其可操作性与有效性进行检验，敏锐捕捉体系存在的问题及其原因并修正，确保体系正式运行的顺利。

7）内部审核

内部审核是一种自我审查与认知的过程，也就是系统对其运行状况以及目标完成情况进行自我评价，查看其是否实现预期目标。首先，企业的管理者应组建内审组，参与内审工作，辅助以必要的内审培训，也可外聘专家参与指导内审工作。然后，通过内审计划的制定、审核清单的罗列落实内审程序，针对不达标项目修正并检验。值得注意的是，需要着重关注体系文件的完整与否、协调与否以及一致与否的审核，而且进行现场审核时着眼于体系各项功能的有效程度与适应程度。最后，完成审核工作之后撰写完整的内审报告，并送交企业最高管理者。

8）管理评审

企业的最高管理者应依据审核报告评判安全体系的试运行状态，评价试运行体系的充分性以及适用程度和有效程度，明确体系存在的问题并提出相关的改进策略与方法。具体来看就是，是否有必要调整安全管理的体系框架、方针策略以及预期目标，审核任务是否要增加产品审核或过程审核等。

9）改进和提高

进行安全管理体系的改进工作时，最为基础的工具手段包括纠正措施和预防措施两种。前者是在修正已有的安全问题基础上，最大限度避免或者减少同类安全问题的出现；后者是在排除体系的潜在问题与隐患的基础上，预防安全问题的出现。由于安全事故的发生很大程度上与安全生产过程的工作质量相关联，因此为实现安全管理体系的改进与提高，还应采取必要的质量监督与管理手段。

基于预警的安全管理体系的动态性特征必然要求企业结合其本身的客观实际情况，适时地对体系进行优化设计，以保证体系的持续性、适用性以及有效性，完成风险控制工作，保障企业安全持续生产与运作，不断丰富和改进体系内容，避免或降低各类安全事故的发生。在体系构建过程中，还应坚持下面几个管理原则。

（1）结合企业原有的管理架构。对安全管理体系的构建可以说是对企业既有的相关管理制度和预设方案的补充和完善，而绝对不代表全盘的否定，也并不是要背离原有的组织机构，而是对原有的管理基础进行规范化与系统性改进，完善企业的安全管理工作，保证其有效性、充分性和适用性。

（2）突出强调预警的概念。借鉴诸多发达国家的生产实践，煤矿企业通过建立相应的安全预警体系，即建立相应的事故预防、预警和预控机制，能够有效降低事故发生风险。经验表明，越是完善的安全事故预警机制，越能有效防范安全事故的发生，可以保证企业安全生产的顺利进行。

（3）突出强调动态调整与持续改进的必要性。坚持动态调整与持续改进的做法，不仅是为了满足国家法律法规的要求，还是实现外部监管的必要手段，也是安全管理体系自身动态发展与不断完善特点的体现。

（4）注意体系文件的系统性、规范性和协同性。作为诸多个体要素有机结合的统一整体，安全管理体系的构成包含许多系统化、结构化和程序化的体系文件，各体系文件之间分层明确，界限清晰；体系文件必须是规范性的，不仅体系文件之间彼此协调同步，而且需要与企业技术要求和规章制度相协调，各接口要协调处理好，以避免层级交叉或者职责混乱。

（5）结合企业自身的具体情况。构建适用于企业自身的安全管理体系就必须要与企业的具体情况相结合，才能保证体系的构建具有可行性与可操作性，才能实现企业的规模状况、文化理念以及资源禀赋之间的相互协调。如果企业自身已有质量管理体系以及环境管理体系，那么在建立安全管理体系的同时就必须做到与这两者协调统一，才能实现企业自身管理体系的一体化，便于更好地实现安全生产管理。

（6）重视企业安全制度建设与文化建设。在构建安全管理体系之时，对企业员工进行相应的安全制度教育，增强安全监管和安全控制的有效性，建立良好的企业安全文化氛围是十分有意义的。它有益于员工强化安全意识和安全自觉性，能够使安全生产理念渗透到生产过程的所有环节；有助于打造良好的企业形象与企业氛围，创建基于安全生产的企业文化，树立安全第一的生产与运营思想，从而构建出更加科学、合理、规范的煤炭企业文化体系，促进企业安全生产工作的有序进行。

8.5　煤矿安全管理体系再造示例

管理体系再造能够让企业管理从本质上发生改变，如果企业管理体系再造成功，则会出现以下三个层面上的变化，具体来看：第一，工作运营层面的变化，因为信息技术的推广运用使得工作方式有所不同；第二，组织层面的变化，主要有组织结构、运行机制、人力资源管理等的变化；第三，企业管理观念层面的变化，主要有企业管理思想、企业文化、企业价值观等。

煤炭企业安全管理体系是动态运行的，要求企业依据自身特点，对安全管理体系进行及时的调整与完善，以保证体系的持续性、适用性以及有效性，完成风险控制工作，保障企业安全持续生产与运作，不断提高和改进体系内容，避免或降低各类安全事故的发生。由于目前掌握的资料有限，这里仅以某小型煤矿企业的管理体系再造进行案例分析。

8.5.1　某煤矿安全生产管理体系现状

1）安监处机构设置

安监处是该煤矿企业中的一个组织机构，由煤矿企业中负责安全的副矿长领导，设立副处长职位负责机构的日常工作，下设 5 个科室分别负责不同工作，具体为监察科、技术科、综合科、小分队与信息科。

2）人员情况

从人员总数来看，该煤矿安监处正式员工人数为 42 人。从职责范围来看，上设科级干部与班组长分别为 6 人、4 人，下设管理人员 19 人，而其余 11 人均为煤矿井下安全员。从学历层次来看，大中专及以上文化者仅 15 人，约占 36%；高中文化水平有 9 人，占比约 21%；其余的 43%均为初中及以下文化水平。从年龄段分布来看，总数中约 70%的人员处于 40～50 岁的年龄段。

3）职责

安监处成员因分工不同而担负不同的职责，具体如下。

（1）安监处及副处长。该企业的调查中并没有涉及相关的明确的职责规定。

（2）监察科。监察科主要担负整个煤矿企业的安全监察工作，管理井口车场安全以及各类安全事故的调查与救援。

（3）小分队。小分队的责任范围是排查矿区安全隐患并及时加以处理，参与安全事故与突发状况紧急救援以及其他由矿区或安监处下达的工作任务。

（4）信息科。信息科的职责主要是统计评估安全质量，审核"三违"处罚情况，排查安全生产隐患，考核干部下井情况，反馈所采集的安全信息，及时对矿井安全风险进行管理等。

（5）安全员。对于安全员，其责任范围集中在煤矿工作面，主要督察安全规章与程序的落实状况，监管现场的隐患排查以及制止"三违"行为等。

（6）技术科。主要负责全矿的安全技术管理工作。

（7）综合科。主要负责全矿日常行政事务，配合领导协调各业务科室工作。

8.5.2　存在的问题

经过调查取证以及相关的制度性分析研究，不难发现该煤矿的安全管理工作出现了很多问题，具体如下。

（1）从安监处这个机构来看，安监处作为煤矿企业安全工作监管的职能机构，负责整个煤矿的安全管理工作，却没有对处长等规定明确的职责范围与要求，显然是不合理的。

（2）从监察科与小分队的职责界定来看，两者的工作与职责范围存在明显交叉，界限不明确。

（3）从业务员文化程度来看，有的业务人员只有小学文化水平，且无下井经验，对于安全作业隐患以及安全信息不能及时准确地作出判断。

（4）从信息科来看，虽然每天三班倒采集安全信息，可是所得信息并未得到及时处理，只在每天下午集中处理一次，极易出现信息资源的滞后性，降低了安全信息本身的时效性。

（5）从信息反馈角度看，同样的信息要在不同的 4 份报表中分别反馈，程序复杂，交叉部分较多。

（6）从安全员的管理来看，对于安全员下放到采区是否有利的问题出现了不同的意见。一方面，安监处认为安全员容易受到采区管理者的影响，故不可能十分有效地实施监督，就无法保证制度落实的公正性与完整性，不利于安全管理工作的进行。另一方面，采区认为安全员下放可以更有针对性地组织安全生产，也便于采区依据作业现场存在的安全隐患状况对安全员进行规范性的管理，这样可以及时有效地解决采区的问题。

（7）从安全员来看，由于整体素质不高，安全员在识别"三违"以及进行处罚的工作上不够专业，对于隐患识别以及隐患处理等问题上的能力不够。

8.5.3　再造前的安全管理流程

煤矿安全管理系统再造前的业务流程基本包括四大部分，分别是：①"三员两长"上岗监督、检查流程（图 8-6）；②井下事故调查处理流程（图 8-7）；③安全信息的传递与处理流程（图 8-8）；④安全员管理与培训考核流程（图 8-9）。

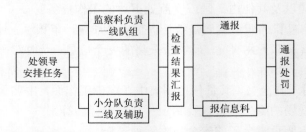

图 8-6　"三员两长"上岗监督、检查流程（再造前）

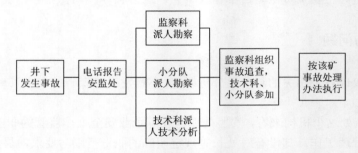

图 8-7　井下事故调查处理流程（再造前）

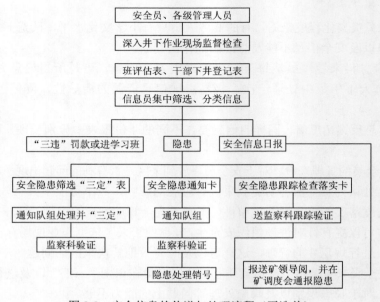

图 8-8　安全信息的传递与处理流程（再造前）

图 8-9　安全员管理与培训考核流程（再造前）

8.5.4　安全管理体系再造

1）安全管理体系再造的目标

（1）安全管理体系再造时要实现职能简化，避免职责交叉，明确职能范围。

（2）增强信息传递的有效性、及时性，避免重复传递或者无效传递。

（3）实现安全生产一体化管理，剔除本位主义观念，消灭利益分散主义思想。

（4）及时更新体系，做到查漏补缺，保证体系运行的高效性与合理性，同时加强安全管理人员的业务水平。

（5）最终奋斗目标为"消除零星事故，确保安全生产长周期"。

2）安全管理体系再造的措施

（1）要求安监处相关领导划分部门职责，落实岗位责任制，明确分工范围。

（2）考虑到小分队的工作活动近似于监察科，并无独立性活动内容，因此采取"一贯性"原则将其与监察科合并，以适应组织机构"扁平化"的发展要求。

（3）信息科的信息员应对反馈得来的安全信息进行分类识别，区分重大安全隐患与一般性安全信息，并按其重要程度分别作出处理；同时，建议由安监处值班干部筛查审阅安全信息，指导信息员按既定方案处理，这样就可以最大限度降低失误率。

（4）在安监处当班干部对所上报安全隐患信息科学识别之后，对于情况紧急或重要的安全隐患应由信息科立即发布防控通知，而那些一般性安全信息可通过电话通知采区相关人员。

（5）由图 8-8 可知，一条隐患信息同时经由 3 张信息表传递至监察科，这就意味着信息的重复传递，属于一种资源浪费现象。因此，可以选择简化为两张信息表来完成传递任务，分别传递至监察科和矿领导。这样一来，就可以增强信息传递的有效性、及时性，避免重复传递或者无效传递。

（6）安监处需要落实对安全员的业务指导与培训职责，定期制定指导方案，并结合矿区当季的生产特征，适时地、针对性地细化培训内容，调整培训目标。同时，业务培训指导工作可由采区负责实施，安监处监督与考核，将培训效果与人员奖励制度挂钩，从而保证培训工作的持续性与有效性，真正增强安全员的业务素质与自身素养。

3）管理体系再造的流程

管理体系流程再造后的组织流程区别于再造前的流程，如图 8-10～图 8-13 所示。

图 8-10　"三员两长"上岗监督、检查流程（再造后）

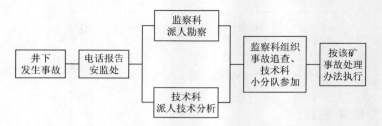

图 8-11　井下事故调查处理流程（再造后）

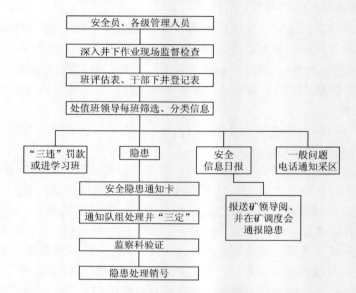

图 8-12　安全信息的传递与处理流程（再造后）

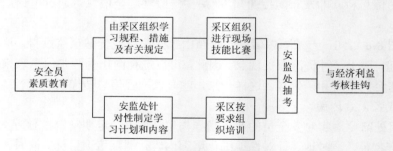

图 8-13　安全员管理与培训考核流程（再造后）

8.5.5　管理体系再造效果

（1）通过前面所示的 4 个再造后的管理流程图可知，再造后的管理流程已经趋于合理化，不仅信息传递的有效性得以增强，而且信息传递的路径得到了明显改善，盲区也近乎消失。

（2）整体的组织机构表现出扁平化特征，机构设置趋于合理，使得管理工作更加方便，也避免了交叉现象的出现。

（3）本着有目的、有计划、有针对性的原则对安全员进行素质教育与监督管理，极大地增强了安全员的整体质量。

（4）再造后的管理流程在分目标实现的基础上，便于系统及时、有效地解决已有问题并消除潜在隐患，保证了总目标更好、更快地实现。

（5）顺序工作方式被同步工作所替代，解决了过去因每天集中处理信息而出现的滞后性问题。再造后的流程不仅每隔 8 小时集中处理一次安全信息，而且更换了信息识别路径，从而保证了安全信息的及时传递。

8.6　本　章　小　结

企业管理体系再造是煤矿企业管理中的一项重要内容，借助管理体系再造，可以对煤矿企业的各种复杂的安全事故风险实施有效防控管理。

煤矿安全管理者通过对安全生产的过程实施计划、组织、指挥、协调和控制等基本管理活动，实现对煤矿安全生产的科学管理，其目标在于确保煤矿安全生产以及员工在生产运作过程中的安全与健康，从而保证企业经济利益的最大化。煤矿安全管理要求及时准确地发现生产与运作中的危险状况，并采取适当措施消除安全隐患，降低危险事故发生频率以及预防潜在的职业病风险，最终保障员工个人利益与企业经济利益同步实现。

根据对煤矿事故预警原理的分析，本章提出了定量与定性相结合的煤矿事故预警模型。煤矿事故预警模型的构建从理论上提供了实现全面可靠的煤矿安全管理的前提条件，为了保证有效控制煤矿事故风险，确保煤矿安全生产的有效实施，本章结合预警管理理论同时提出了应当构建合理有效的煤矿安全管理体系。其后，从预警要素的选择和辨识、煤矿风险等级的确定、预警系统的维护和风险控制的实现等四个方面对所构建的基于事故预警的煤矿安全管理体系进行了论述。

我国现有的煤矿企业安全管理模式大多是配合企业生产经营活动而设立的科层制责任管理体系。这套体制的特点是决策执行有力，然而现代管理科学揭示出信息不对称往往是决策失误的关键性因素。有效控制煤矿事故风险的关键在于对煤矿生产系统危险源（危险态）的及时监测，并及时判断、准确分析，从而为科学决策提供依据。基于这一考虑，本章提出建立基于预警的煤矿安全管理体系，强调围绕事故预警对企业安全管理模式进行流程再造就具有很强的现实指导意义。

按照业务流程重组有关理论，本章探讨了煤矿安全管理体系再造的步骤。煤矿企业的组织结构也应是"流程型"的，每一个部门都应该对应一个预警所涉及的流程。通过对预警流程的重新设计，降低煤矿事故的发生概率，从而提高企业的竞争力，不断提升企业的经济效益和社会效益。

本章以某煤矿企业的安全管理体系的再造作为案例，重点论述了管理体系的再造为企业带来的生产方式、组织结构以及管理观念等三个不同层面的质的变化。

第 9 章　煤矿安全监察激励机制设计

在煤矿安全监管行政体制方面，我国实行国家和各省、自治区及直辖市两级垂直监管的管理体制，即以国家煤矿安全监察局为主，国家和地方共同发挥管理职能作用，通过开展煤矿安全监督检查执法，对煤矿安全生产进行专项整治、事故隐患排查，对煤矿事故进行责任追查并及时做好赔偿处理工作。尽管现行的国家与各级政府双重领导的管理方式切实落实了煤矿安全生产的合法化、标准化、专业化，增强了煤矿生产企业的安全意识，提高了煤矿生产企业的效率，但其监察制度仍然存在诸多亟待解决的问题[82]。

目前，我国煤矿安全监察机构人员配置严重不足，而在美国，2012 财年美国煤矿安全与健康管理局（MSHA）共有 1187 位全职工作者，其中有 1000 位安全检查人员（650 位常规检查员和 350 位专向检查员）承担着对全国 2386 座煤矿的安监任务。2013 年底，我国煤炭行业从业人员已达 600 万，人员分布在 1913 个重点煤矿、1425 个地方煤矿和 9630 个左右的乡镇煤矿上。与美国煤矿监察机构拥有充足的监管人员开展安全监察工作情况不同，我国煤炭行业从业人员和煤矿企业数量众多，监察基数巨大，故实现美国方式的监管几乎不具备可行性。面对这种状况，监察内容就无法有效落实，国家监察体系也很难发挥预期的作用。例如，许多煤矿企业对常规检查通常会采取消极的配合，安全监察管理工作也在很多情况下仅停留于煤矿企业提供的纸质材料审查上。从某种意义上讲，国家对煤矿企业进行安全监察的重大意义在于行政威慑。

从部门职能的角度出发，煤矿安全监察部门既是煤矿安全的"守护神"，也是对煤矿安全监管进行公正裁决的"裁判员"。但是，部分监管人员监守自盗的现象依然出现，"守护神"不能守护煤矿安全，甚至少数地方监管部门以权谋私，"裁判员"成了"违规者"。

第 8 章研究并提出了煤矿安全管理新模式，这里既要发挥企业内部的安全管理责任，又要充分发挥来自外部的政府监管力量。可以说，再好的制度设计，如果没有一支廉洁高效的干部队伍，也无法发挥应有的作用。因此，有必要对我国煤矿安全监察进行激励，从某种程度来讲，这也是对煤矿预警管理本身的"预警"。以激励机制设计的有效性为出发点和落脚点，为了最大限度地使监察机构发挥职能作用，应当充分调动监察人员对监察工作的积极性，激发监察人员工作的创造性[83]。

9.1　监察激励因素的划分

在一般情况下，从煤矿安全监察人员的角度出发，监察激励因素是指在安监人员进行安全监察活动时能够起到促进或调动其工作积极性的因素。监察激励因素的区分包括两方面的研究内容，即非对称信息与委托代理层面的研究以及需要、动机和行为层面的研究。

9.1.1　非对称信息与委托代理

1）非对称信息

信息可以定义为传递中的知识差。其特点为：①知识差指明了信息的指向性和相对性；②知识差是信息存在价值的关键，它不仅能帮助代理人对环境进行改善，也能使代理人获得收益；③对委托人和代理人而言，知识差在委托人和代理人之间架起了沟通的桥梁，而且知识差的存在也凸显了从事经济信息采集和处理活动的重要性；④信息具有层次性、不可分性和共享性，这是知识差的层次性、不可分性和共享性决定的；⑤信息失真或误差在知识差传递过程中必然存在绝对的损失。

在市场经济活动中，相互对应的微观经济个体是否同样掌握对方所拥有的信息量称为信息是否对称。非对称信息是指市场每个参与者占有的信息不同。实践中，信息在不同经济个体之间不对称分布的现象属于普遍存在的常态，充分掌握信息的个体往往处在较有利的市场地位，这种非对称信息的客观存在既是社会专业化分工的必然结果，也会进一步推动社会分工朝着更深入的方向发展。

安全监察活动离不开信息，两者紧密相连。知识和信息的流动对减少安监部门和企业间的信息不对称并进而保障安全系统的稳定具有重要作用，因此安全监察活动的成效主要取决于监察人员是否能够识别和减弱当事人双方的信息差异。

2）委托代理关系

由于信息存在不对称性，信息拥有量的多少决定了参与者之间所处的优劣关系，这种关系称为委托代理关系。换句话说，无论在某种契约建立前还是建立后，代理人通常都会比委托人掌握相对更多的信息资源。具体到煤矿安全监察领域，存在政府安监机构与安监人员、企业与安监人员这两种类型的委托代理关系。

委托代理关系的形成必须满足以下两个基本条件。

（1）代理人和委托人存在彼此独立的关系，且两者的行为目标都是既定约束条件下的效用最大化；代理人必须从多种可选行为方案中选择一项能同时影响代理人和委托人收益的行为；具有支付报酬能力的委托人能够自由选择支付方式和数量，即委托人可以在代理人确定自身行为策略之前就与代理人达成某种契约，该契约规定委托人支付的报酬是代理人行为结果的函数。

（2）不确定性所引起的风险是委托人和代理人共同面对的问题，且信息在两者之间的分布具有不对称性，它具体表现为：第一，代理人的日常具体代理行为通常不能被委托人全面直接监控；第二，代理人行为选择的随机性决定了其行为结果的分布具有随机性，因此，代理人无法完全控制其行为后果，而委托人亦不可通过观察代理行为来直接主观判定代理人的绩效。

激励是降低委托代理风险的有效手段，而激励的重要内容则是剩余索取权，为了实现有效激励，必须满足：①代理人的工作净收益应当高于或等于其不工作的净收益，这是工作参与的约束条件；②委托人对代理人努力工作行为的满意度决定了代理人的最大净收益，这也称为激励相容约束。

9.1.2　需要、动机与行为

20 世纪初期，许多专家就分别从管理学、心理学和社会学角度研究了人的激励问题，在此基础上提出了激励理论。激励理论在管理科学的发展下得到不断完善，经历了从物质激励到多种激励并存、从激励条件泛化到激励因素明确、从关注激励基础到重视激励过程的历史性转变，其演变过程与人的需要、动机和行为密切相关。

1）需要

需要是人的一种心理主观性感受，这种感受体现为人在面对某种重要事物缺乏时的心理反应。需要反映了一定的客观要求，它同时具有物质性和生理性的特征。现实中，人的每种需要都是由定性的、方向性的成分以及定量的、活性的成分两部分构成，其中前者直接指向诱导因素，而后者则反映了指向意愿目标的强度。

与马斯洛需求层次中对员工个体需要层次的描述相似，企业也有各种各样的需要。企业在日趋激烈的市场竞争中首先需要积极面对生存挑战，在生存需要得以满足后企业就会不断拓展生产空间以谋求更多的发展权，这是企业的安全需要。此后，随着企业的持续发展壮大，它亦会更加关注自身的社会地位和形象，渴望被社会认可并受到尊重，于是企业会积极投身教育、卫生、体育、社会福利等公益性事业，这是对社会发展贡献的需要。在此阶段这种以社会价值为取向的需要已然固化成为企业的内在价值观，企业实现了经济利益和社会利益的统一兼顾与良性循环。可见，需要具有指向性、多样性、无限性、可控性和可变性等五个特征。

2）动机

需要与动机密不可分。需要源自对某种重要事物缺乏的感受，作为一种信念的动机则对需要进行了对象化，是促使需要得到满足的驱动力，并以某种行为作为其表现形式。作为煤矿企业，追求经济效益最大化是其加大安全投入的主要目的，而作为安监人员，其需要反映出其自身追求薪酬、职位和荣誉等组织资源的动机。

3）行为

需要的产生与满足是一个不断循环升级的过程，当一种需要未得到满足时，人们会处于紧张不安的状态，这种心理状态会在遇到合适的目标时转变为动机促使人们努力奋斗。当目标得以实现时，人们的需要得到满足且紧张情绪得以缓解，但此时又会形成新的需要。相反，当目标始终无法实现时，人们的紧张情绪会持续恶化并使其产生积极行为或消极行为。

无论安监人员还是煤矿企业，其共同点是可选行为千差万别，即在选择行为的决策过程中他们都面临着行为方案的多样性，因此除了对煤矿安全加强监察这一行为方案外，企业和安监人员还存在多种可供选择的方案来实现自身的需要。

9.1.3　监察激励因素的划分依据

对于监察激励因素，其划分标准不一。经济学理论认为激励因素关注的是安全监察主体在监察成果中获得的剩余索取权,其目的在于弱化不对称信息和降低委托代理风险从而实现激励相容。激励因素依据是否可以受到企业控制而分为外部激励因素和内部激励因素,其中,由政府制定实施的不同政策规定和规章制度属于企业不可控的外部激励因素范畴,而存在于企业内部的可控因素则属于内部激励因素范畴。

从管理学角度来看,根据安全监察人员的需要获得满足的来源,激励因素包含了外在性激励因素和内在性激励因素,其中,外在性激励是由组织通过对其所掌控的资源对煤矿安全监察人员的行为和活动实施有效激励而形成的。安监工作对安监人员来说是一种获取这些资源和奖酬的工具,组织根据安监人员在安监工作中的表现,将这些资源和奖酬分配给安监人员。

与外在性激励因素不同,内在性激励因素来源于安全监察工作自身,其与安全监察活动密不可分,由安全监察工作所带来的挑战性以及及时发现和处理事故隐患时的成就感等是安监人员获得内在满足感的具体表现。因此,内在性激励因素具有抽象性,它是否能够产生有效激励完全取决于安监人员的体验和感受,而一旦这种内在性需要得以满足,则安全监察活动本身将对安监人员产生直接吸引,而不再被视为单纯谋取个人利益的工具。总之,外在性激励因素与内在性激励因素的区别就在于激励因素是通过因安监工作而获得的资源或奖酬还是直接取决于安监工作本身。

9.2　安全监察激励机制的构建

激励机制包含了激励和机制两层含义。激励即指组织的领导者促使组织成员达成共识并采取相应的行为贯彻落实组织目标。机制从系统学理论来看是指系统中的诸多要素和子系统彼此相互联系、相互影响的内在方式。

在煤矿安监激励机制建设方面,激励必须充分考虑到安监人员的核心作用,重视其个性化需要,而机制则必须建立在充分认知各因素内在逻辑关系的基础上,以制度化的方式规范安全监察活动中人的理性行为。制度化与个性化是对立统一的关系,在安全监察过程中建立一个科学合理的激励机制,实质上就是实现成员个性化与制度化相平衡。

9.2.1　安监激励机制的内涵

激励机制是由不同要素构成的系统化制度,该制度体现了激励主客体之间的相互作用方式。具体包括以下几个方面。

1)诱导因素

诱导因素是指对安全监察人员的行为具有正向激励作用的各种因素,包括奖酬、社会需求、政府制度、资源约束、安监体系完善性等,它们受到组织控制并可以满足成员的内在和外在需要。

对安全监察人员进行需求调查、分析及预测是明确诱导因素的必要环节,在此基础上才能够结合组织自身所拥有的资源状况有效设计各类内在性和外在性奖酬水平。

2）行为导向制度

由于安全监察人员在诱导因素作用下的行为选择有可能偏离组织所设定的预期目标，因此有必要建立起规范安监人员行为方向、行为方式和行为准则的基本制度。组织所营造的制度化安监工作环境，由于安监人员的价值观与组织的价值观不一致，可能导致非正常行为的产生，安监主体对自身利益的追求有时候是与组织目标不一致的，可能产生危害组织的行为。因此，在安监工作中培育有利于主导价值观形成的氛围对于及时发现和纠正不良安监行为具有十分重要的意义。

斯金纳的"强化理论"指出，随着人的行为之后发生的某种结果会使这种行为发生的可能性增大，这种状况心理学中称为"强化"。

行为导向突出体现为整体观、集体观和长远观，它们均服务于安全监察活动的既定目标。

3）行为幅度制度

行为幅度制度即在强度上对因诱导因素产生的安监行为进行控制的规则。

（1）资源约束性制约着安监行为幅度，资源分配差异导致安监行为幅度的强弱差异。

（2）即使在资源分布均衡的情况下，安监工作主体的差异性也会造成安监行为的强弱差异。根据 Vroom 的期望理论，激励力量（M）=效价（V）×期望值（E），调动人们工作积极性有三个条件：①努力与绩效的关系；②绩效与奖励的关系；③奖励与满足需要的关系。

4）行为环境制度

这里强调的是客观环境对安监行为的影响作用。心理学中早期行为主义学派的代表沃森等认为，行为是刺激和反应的联结，即 S-R。其中，S 表示客观刺激，R 表示对客观刺激的反应。S-R 表示行为活动不会无缘无故地发生，它是由客观事物的刺激引起的。理论模式说明了客观环境对行为的重要性。后来，德国心理学家卢因又在 1951 年提出了新的模式：$B=f(PE)$。式中，B 为行为；P 为个体变量，主要由个体差异所造成；E 为环境变量；f 指函数关系。卢因在列出这一模式时指出，P 和 E 不是孤立的，而是密切相关、相互作用的。同等环境条件下个体差异会使其产生差异性行为，而差异化的环境又会对个体行为产生影响。

5）行为归化制度

卢因将物理学的"磁场"概念引申到了心理学领域，提出了所谓的"场理论"。他认为，个人的内在需要和外在环境共同决定了该个体的行为选择。直至 1933 年，卢因才将该理论从个体行为研究拓展至群体行为研究，进而定义了反映群体活动动向的"群体动力"概念，其本人也因此被称为群体动力论的创始人。

安全监察活动是不同利益主体进行分工合作的过程。决定利益群体平衡状态的因素包括利益群体在安监活动中的环境、成员的个性和相互接纳程度。安全监察行为就表现为这些因素之间相互作用而形成的复杂关联结构。

综上，诱导因素、行为导向制度、行为幅度制度、行为环境制度、行为归化制度共同组成了安全监察激励机制，诱导因素的作用是触发行动，行为导向制度、行为幅度制度、行为环境制度、行为归化制度的作用则是对行为的引导和规制。

9.2.2　激励机制设计模型

安全监察激励机制设计即为实现资源优化配置以及集体利益与个人利益相一致的目标，综合考虑安监人员需求，制定可行的行为准则和分配方式。该机制的建立旨在通过合理的制度化方式来规范安监人员行为及调动其工作主动性和创造性，进而实现个性发展与制度约束的协调发展，促进安全监察活动的有效开展。

（1）就安监人员而言，有效的激励机制设计必须以满足其个人需要为出发点。

（2）提高安监人员的积极主动性是激励机制设计的首要目标，而通过安全生产实现组织和个人的利益统一则是最终目标。

（3）安监人员的行为准则和资源的分配是激励机制设计的核心问题。

（4）效率水平是衡量激励机制设计成效的重要标准。

（5）在满足激励相容的条件下实现成本最小化是激励机制设计的最优状态，即以最小的成本同时实现个人利益和集体利益的最大化目标。

在图 9-1 中，安全激励机制模型的三大基本要素包括组织战略目标、诱导因素集合以及个人因素集合，它们以不同的路径方式相互联系，并与制约性因素相结合对不同主体产生影响，进而形成了系统化的激励机制模型。

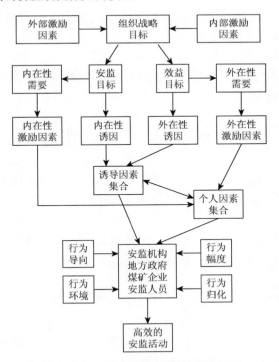

图 9-1　安全监察激励机制模型示意图

1）组织战略目标

在安监激励外部体系中，政府法律法规等政策性外部激励因素和企业奖酬水平等内部激励因素会共同对组织战略目标产生影响,这对安全监察行为的激励具有基础性作用。

在安监激励内部体系中,组织的战略目标包括安全和效益两个层面的内容,其中安全目标旨在满足激励对象的内在性需要,它直接联系于诱导因素集合中的内部诱因,而效益目标则以满足激励对象的内在性需要为目标,并直接联系于诱导因素集合中的外部诱因。组织必须将其抽象的战略目标通过层层分解加以精细化,使之成为具有可操作性的安监人员绩效考核标准,其中有关难度、时间和效益的考核目标设定应当满足可测性、兼容性、挑战性和协调性的基本要求。

2）诱导因素集合

按照诱导因素的来源可将诱导因素集合分为源自工作自身属性并能对安监人员产生正向激励的内在性诱因以及源自工作外的物质和精神等激励的外在性诱因。

外在性诱因包括奖酬和福利水平、荣誉、职级、发展空间等,这是促使安全监察人员积极融入组织的重要资源,也是安全监管过程中委托人凭以激励代理人采取符合其预期目标行为以有效降低安全风险的重要手段。特别地,薪酬水平是决定安监绩效的最重要激励因素,安监人员个体能力性差异客观要求其薪酬水平具有一定的差异性。此外,非物质的精神激励也是影响安监人员行为的关键因素[84]。

3）个人因素集合

同样地,个人因素集合亦包括内在和外在两个方面,其中前者涉及安监主体自身的偏好选择和工作热情,它主要受其个人的价值观念和对企业文化认同程度的影响,而后者涉及其对物质性或非物质性资源的需求。

从内容来看,个人因素包括能力、价值观和渴求程度等,其影响因人而异,其中价值观对个人的需求层次和行为选择具有重要导向作用,因此组织必须充分考虑并设计出能够实现激励相容的激励制度。

9.3　本章小结

煤矿安监工作是一项涉及多方利益主体并要求各方密切分工协作的系统性活动,为了使安监人员能够尽职尽责地完成本职工作来保障煤矿安全生产,就必须对其采取适当的激励以充分激发其潜在的工作自觉性和创新性,进而实现安监活动的成本最小化和产出最大化。因此,科学设计激励制度,充分调动安监人员积极性,及时查证和处置安全隐患,建立有效的安全预警体系,是保持预警管理系统正常运转以及提升煤矿系统安全性的重要途径。

在安监激励机制设计中,其核心是安全监察人员,故机制的设计必须满足其个性化需要,同时机制也必须在正确认识系统内诸要素逻辑关系的基础上将个人的理性化与工作的制度化实现有机结合。个性化与制度化的平衡问题是科学的安监激励机制设计中的关键问题,即该机制中应当既有考虑组织战略的目标体系,也有考虑个人价值取向的诱导因素和个人因素,并通过导向、幅度、环境和规划四大行为制度因素来发挥激励作用,其中前三类因素的作用在于发动行动,而第四类因素的作用在于引导、规范和约束。

本章结合煤矿安全监察的过程特点,首先分析了激励机制的含义和内涵。就本质而言,煤矿安监激励旨在通过有效的机制设计促使影响安全监察行为的各类诱导性和制约性因素产生最大的协同效应，进而实现激励对象的个性化和组织的制度化的协调与平衡。通过对煤矿安全监察工作的实质和内涵的准确把握，借鉴委托代理理论和博弈论的有关思想，本章建立了安全监察激励机制模型，以组织战略目标、诱导因素集合和个人因素集合为支撑，通过分析这三个支点之间的相互作用关系和性质，反映激励主体与激励客体相互作用的方式，阐明了一个高效的安监活动所要具备的各项条件。

第10章　我国煤矿安全管理体制创新研究

国家体制及社会环境是影响安全管理的重要因素,基于预警理论进行制度设计,将"安全第一,预防为主"的原则贯穿于煤矿安全管理体制的每一个环节,是本书提出的"以事故预防为因,以管理创新为果"的应有之义。我国目前对煤矿安全的管理主要分为两个层次,分别为主要管理权和次要管理权,其中,主要管理权属于国家煤矿安全监察局,次要管理权分属于煤矿所在地方政府。这种管理方式强化了代表国家的自上而下的煤矿安全监察体系,为我国煤矿安全监察工作顺利步入法制化、规范化、专业化轨道打下了坚实基础。

现存的煤矿安全监察体系正式投入使用后,对我国煤矿安全水平的提高作出了有益贡献,生产效率得到显著提高,事故率有了大幅度下降,但是市场对煤炭资源需求的刚性特点以及安全生产的不平衡给现有体制带来了巨大挑战。第9章通过对煤矿安全监察工作实质和内涵的准确把握,借鉴委托代理理论和博弈论的有关思想,建立了安全监察激励机制模型,从而为确保煤矿安全监管的"关口前移、重心下移"创造了条件。本章在此基础上,重点阐述宏观层面的管理体制创新,对我国煤矿管理的历史沿革和理念变化进行梳理,对现有的制度框架进行再设计。

10.1　我国煤矿安全管理体制的历史沿革

新中国成立以来,煤矿安全生产监督管理制度随着时间的变迁发生了质的变化,从缺位到到位,从简单到全面,从分散到系统,逐渐得以健全。

早在1949年9月29日,《中国人民政治协商会议共同纲领》中就提到了实行工矿检查制度,改进工矿的安全和卫生设备的要求和意见。随着新中国的成立,第一个负责煤矿安全工作的机构诞生了,即下设在燃料工业部的安全监察处。后来通过对苏联模式的学习、创新,我国于1953年引入精细的矿厂检查体系,涉及国家、地区和地方三个层面。经过两年的发展,监察机构已经覆盖了当时的全部产煤区和矿区。后来,由于"大跃进"高潮时期以增加产量为唯一目标,此体系被误认为不必要而夭折了。

1962年,负责煤矿安全的国家机构成立,下设在煤矿工业部。

1966~1978年,矿山监察系统全部被关闭。

1983年,《煤矿安全监察条例》出台,对监察体系结构进行了具体设置:煤炭工业部设立监察部,省级设立安全监察局,国有矿山设立安全监察处,县级设立安全监察科,各级部门对矿山安全问题共同承担责任。该体系结构一直沿用到1999年底。

2000年元旦前夕,国务院办公厅发布关于印发煤矿安全监察管理体制改革实施方案的通知,正式宣布国家煤矿安全监察局成立,对全国的煤矿安全负有监督管理的职责,与国家煤炭工业局是两个不同的牌子,但同属于一个机构。

《煤矿安全监察条例》于 2000 年 11 月 1 日审核通过，12 月 1 日正式实施。该条例的出台，昭示着我国煤矿安全监察体制建设进入了新的阶段。与此同时，国家煤矿安全监察局成立，负责全国的煤矿安全，结束了我国长期以来在煤矿安全生产管理工作中存在的生产与监督不分家的管理现象。2000 年及 2001 年是煤矿安全监察体制建设的快速发展期，短短的两年时间，相关规范及管理办法陆续出台，国家、省和地方三级联动的煤炭安全垂直监察体系顺利建立。

2003 年，国家煤矿安全监察局从煤矿生产工作中完全独立出来，该机构只实施监督职能，与企业之间不存在任何经济上的交叉活动和体制联系。同时，煤矿监管部门的内部结构上也有大的调整，国家煤矿安全生产监督管理局升级为国家煤矿安全监察局的上级部门，在指导煤矿安全监察局工作的同时，对安全生产进行全局把控。随后相关管理办法、行政处罚办法、评价导则等相继发布。为了贯彻统一协调的领导思想，降低层级信息传递的失真率，避免多级指挥的无所适从，促使全国安全生产工作顺利开展，同年 11 月，国务院成立了安全生产委员会。

《关于煤矿安全监察办事处更名为监察分局的通知》（中央编办发〔2005〕4 号）体现了国家对煤矿安全监察工作的全面重视，该文件通知涉及的主要内容是部分省级煤矿安全监察机构的调整。2005 年 2 月 23 日，国家安全生产监督管理局更名为国家安全生产监督管理总局，进一步提升了管理地位。

我国煤矿安全管理体制从无到有，从冗杂到系统，国家对煤矿安全与煤矿生产的管理逐渐分离，经过上述几个阶段的演变发展，最终形成"国家监察、地方监管、企业负责、群众监督"的体制格局，实行的是在国务院直属机构国家安全生产监督管理总局的领导下国家监察垂直管理和地方分级属地监管的双重监管。

10.2　我国煤矿安全管理体制的制度分析

20 世纪 80 年代初，伴随着社会主义经济建设从计划经济向市场经济的转变，政府管理理念也从单一的管制和计划职能向社会管理、市场监管和公共服务的理念转变。我国煤矿安全生产管理理念也伴随着煤矿工业现代化和国家能源发展战略，进行不断的调整。随着改革开放的深入，政府职能发生转变，企业自主权不断扩大，企业在事故预防方面的责任也逐渐凸显，国家提出了政企分开、行业管理、政府负责监管的理念，并先后提出了建立煤矿安全长效机制、本质安全煤矿、群众监督和第三方监督等理念，初步形成了"国家监察、地方监管、企业负责、群众监督"的垂直监管体制。在全面搞好煤矿安全生产的总体目标下，该体制从国家、地方、企业、群众四方主体的角度，赋予不同主体不同的职责，相互协调以贯彻落实"安全第一，预防为主"的方针。该体制的形成，一个极其重要的作用便是在煤矿安全生产过程中初步实现了政企分离，即煤矿安全监察工作独立于煤炭生产，成为第三方监管人，也充分体现了以人为本的观念。这些都是一个新的体制带给煤矿安全生产的福利，然而新的体制也带来了新的问题。

"老板赚票子，农民死儿子，地方出乱子，政府当孝子，干部掉帽子"，这是民间关于煤炭生产的一句顺口溜，虽然很夸张，但在一定程度上说明了这种现象的存在，显然，这与我国现行的垂直监管体制有着密切的联系。首先，从表面上看，国家、地方、企业、群众职责明确且相互独立，实则安全监察从属且受制于生产，并未完全成为独立第三方；其次，煤矿安全监管滞后，且重在事后管理，缺乏必要的事前预防、事中应对；最后，事后监管总结不到位，察而不监的现象普遍存在，监、察难以落实，法规成为摆设。具体问题可以从以下几个方面分析。

首先，基于预案的事后管理模式弱化了煤矿安全监察的效果。事故发生后，随即关、停、整顿事故发生地区范围内的煤矿企业，煤矿安全监管部门就好比一个消防部门，事故发生了就加急救援整顿，事故平息了就撤退。这种简单重复的监管不仅难以有效提高煤矿安全生产，反而给一些小煤窑提供了生存空间，造成"事故发生—停产整顿—偷偷生产—发生事故"的恶性循环。本书提出的倡导预警管理理念正是为了解决这一恶性循环，国家监察的重点是危险源的实时监控和对地方政府以及煤矿企业的经常性督察，企业负责的重点是及时快速准确地分析生产线的各类风险信息并作出反应。

其次，监管部门人力资源匮乏。目前我国的煤矿安全监察局人员配备，是由国务院批准编制的，全国总的在编人数不足3000人，常规情况下，安排到各办事处（分局）的人员只有20人左右，个别业务量较大的办事处（分局）通过申请获批后才有30人左右，平均每名煤矿监察员负责的煤矿数为100座有余。与煤矿数量相比，监察人员远远不足，很难开展全面的煤矿安全监察工作。而美国，之所以煤矿安全管理工作突出，与监管部门人员充足有很大关系，2012年度美国煤矿安全监管部门核定员工人数为1187人，其中监察人员约占84%，美国共有煤矿2386座，平均每名煤矿监察员监察的煤矿数为2.386座。因此，我国煤矿安全监察的"以预防为主，及时发现事故隐患，促进安全管理"等目标难以实现。

再次，监察工作不全面，顾此失彼。规章制度执行不力的现象严重，例如，《煤矿安全监察条例》明确指出，煤矿监察机构的监察职责既包括监察煤矿的生产活动，也包括监察煤矿的建设工作。而在实际的监察过程中，煤矿生产安全得到重视，煤矿基础建设却一直被忽视，尤其是职业危害给煤矿安全带来的威胁。

最后，"群众监督"的理念难以充分体现。我国现行的煤矿安全监察主体仍是以行政机构为主，群众监督意识还有待提高。当前，我国大多数煤矿的一线工人主要由农民工构成，而行政机构监督主体缺乏与农民工之间的本质联系，很难把握一线工人的直接诉求。

根据西方先进国家的经验，劳动者保护组织、新闻媒体等第三方监督力量在政府和企业的互动中发挥着至关重要的作用，群众监督更多的是通过新闻媒体作为"第三只眼"来发挥作用的。因此，在坚持当前我国煤矿安全生产管理体制的同时，加强第三方监督是体制创新应该努力的方向，积极发展第三方监督力量有利于充分发挥其公平、公开、公正的监督作用。同时，积极倡导全员管理，在提高劳动者安全生产意识的前提下，提高管理的效率，把危险的苗头消除在一线，最终实现"国家监察、行业管理、企业负责、第三方监督、全员管理"的管理机制，从而真正做到防患于未然，实现我国煤矿事故的预警管理。

10.3　我国煤矿安全管理体制创新的设计原则

要实现我国煤矿安全管理体制创新，应重点从以下五个方面着手。

10.3.1　国家监察创新

国家监察创新是国家体制层面的创新。首先，国家监察的含义即负责煤矿安全监督检查的政府部门，接受国务院的总指挥，严格依照法律、法规履行煤矿安全工作的监察活动，体现出法律的权威性、行政法律地位的特殊性。

国家煤矿安全监察局作为国家设立的行政执法机构，依法负责煤矿安全监察工作，在山西、内蒙古、河南、新疆等多个重点产煤省（自治区、直辖市），设立省级煤矿安全监察局，具体承担本地区六项煤矿安全监察职责。这六项职责可大致概括为：①负责贯彻实施煤矿安全的各项规章，研究拟订工业安全标准，提出相应规划和目标；②负责组织煤矿特、重大事故的调查处理，发布煤矿安全生产信息；③组织、指导煤矿基础建设和安全运行工作，在煤矿建设阶段，要组织人员对其施工设计进行审查，竣工之后要严格验收；在煤矿运行阶段，对煤矿企业投入使用的原材料、固定资产等负有审查、监督责任；④严格煤炭企业资格认证，查处违背安全标准的煤炭企业；⑤负责煤矿职业危害防治工作的监督检查；⑥组织、指导和协调煤矿救护队的筹建，做好应急救援工作以及其他事务。

此外，在大中型矿区设立的安全监察办事处，是省级煤矿安全监察局根据区域需要而派出的分支机构，分管区域内的煤矿安全生产活动，具体职责包括：将煤矿安全检查设定为日常必做事项，积极贯彻落实；根据以往事故发生统计数据，标记事故频发的地区，作为重点关注对象，重点开展检查工作；对于检查工作情况要做好记录，具体到检查的内容、安全生产中存在的问题以及监督指导处理情况，并认真归档、封存；定期向上级主管部门，即所属省级煤矿安全监察局，报告煤矿安全监察情况，一般以 15 日为一个周期；一旦出现重大煤矿安全问题，应当于第一时间采取处理措施并随时通报情况。

近年来，在煤矿安全相关多方主体的共同努力下，已经初步形成"国家监察、地方监管、企业负责"的三级垂直管理体系，这样的体制格局极大改善了我国的煤矿安全状况，在控制、减少煤矿事故及事故伤亡人数的工作上取得了一定的成效。但不可否认的是，目前的行政监管体制还不够完善，其自身尚存在某些缺陷。例如，职能定位不够明确，导致"越位""错位"现象频现，形成看似"多头管理"，实则"无人负责"的尴尬局面；运行协调机制不健全，在实际工作中陷入了集体行动的合作困境，监管效果大打折扣；机构人员层次有待丰富，人员素质不符合煤矿安全监察工作稳步推进的要求，存在明显的人员配备不足且素质偏低的现象；对煤矿安监权力缺乏制度性约束，导致作风建设方面的诸多问题。因此，我国目前的监督执法环节还比较薄弱，任重而道远，必须认真反思现行监管体制格局存在的缺陷，努力予以调整与完善，并督促相关主体从根本上做好安全生产工作，遏制煤矿安全事故的发生。具体应在以下几个方面改进[85]。

首先，明确职能定位，牢记职责使命。煤矿安全监察工作人员肩负着众多煤矿工人的生命安全，承载着无数煤矿家庭的幸福，作为行政执法的主体，必须在认知、明确自身的角色定位方面提出更高的要求，监察执法人员必须专注本职工作，认真履行日常安全监察事务，充分发挥"预防为主，关口前移"的作用，做到该管的管住管好，不该管的不管不干预，使煤矿安全监管工作实现良性发展。

其次，要进一步扩充安全监察机构的人员配备，提高其综合素质与业务水平。吸纳新的人员，扩大机构人员编制，为整个煤矿安全监察体系增添新的活力。同时，抓好监察执法人员的岗前培训工作以及在岗人员的继续教育工作，保持监督管理知识储备的与时俱进，保证监察执法人员技能水平的提高，增强安全意识和使命感，以便更好地发挥在安全监察工作中的作用。

再次，狠抓安全监察机构的作风建设，严惩腐败。立足机构工作实际，在各级监察执法人员中广泛开展思想教育，扎实推进依法行政的核心理念，提高其思想境界，使其心中树立起牢固的"全心全意为广大煤矿员工服务"的意识，力争将安全监察和执法过程中的官商勾结、贪污腐败行为扼杀在萌芽之中。

最后，加大对煤矿安全的监察强度与对违法行为的惩戒力度，加强规范化管理，推进监察工作制度化、经常化、常态化，建立安全检查和隐患排查治理的长效工作机制，深入开展安全生产大检查"回头看"。对于发现的安全隐患，必须严格督促煤矿企业在指定期限内认真进行整改，并监督存在问题的煤矿的改进进度，复查问题煤矿的改进结果。严格依照安全生产标准，对于不达标的煤矿，必须立即停产整顿，甚至可勒令其关闭停产。还应注意的是，根据我国现行法律的处罚规定，由于煤矿企业违法行为所带来的处罚成本可能低于违法操作所带来的收益，法律处罚已经成了部分煤矿企业核算成本的一部分。因此，应重新完善各项针对煤矿安全的法律体系，设定更严厉的处罚标准，使不断增大的违法成本对违法者起到有力的惩戒和威慑作用。

10.3.2 行业管理创新

煤炭行业管理部门是行业安全最基础、最重要的防线，必须基于权责明确的原则落实好安全管理工作，行业管理创新的首要工作是对所管辖企业实施有效的安全管理。一些省区还保留煤炭工业管理局作为煤炭行业的专门管理机构，计划、组织、指挥、协调和宏观调控国家针对煤炭行业制定的政策、法规，给煤炭行业施加必要的压力，督促其改善安全生产条件，提高安全管理和技术装备水平，有效预防、遏制煤矿安全事故的发生，维护广大矿工权益，保障煤炭行业的良性可持续发展。近年来，经过取消和弱化国家直接承担行业管理的职责，国家层面的煤炭行业管理职能分散到多个管理部门，主要集中在国家发展和改革委员会、国家煤矿安全监察局、国务院国有资产监督管理委员会、商务部、财政部、国家能源领导小组"能源办"等部委和煤炭行业协会。

此外，煤炭行业协会的桥梁纽带作用也不容忽视，它为政府和煤炭企业搭建了良性互动平台，成为煤炭行业健康持续发展的有力保障。具体来讲，煤炭行业协会主要承担以下几个方面的安全管理职责[86]。

（1）认真学习国家安全生产的法律法规，并积极落实。参与制定、修订煤炭行业质量、技术、经济、管理等标准和规范，并采取措施确保执行。

（2）根据煤炭行业以往的安全生产情况，设定安全生产目标，实施目标管理。以目标为导向，进而制定详细年度计划与长期规划，分阶段严格督促煤炭行业落实具体的措施与实施办法。

（3）开展调查研究，根据煤炭行业安全生产现状与发展需求，适时在国家重大经济、技术决策制定中积极献言献策，不遗余力地为行业健康发展营造良好的政策环境。组织煤矿企业进行安全培训，增强安全意识，指导企业制定安全措施，并监督实施，督促加大安全投入。

（4）参与行业资质认证和新技术、新产品鉴定。根据市场和行业发展需要，开展煤炭新技术、新产品、新工艺推广工作，并将相关劳动保护规定贯彻落实。确保煤炭工程建设的各个环节遵循"三同时"原则，即确保主体工程与安全设施的设计、施工与投产的同步性。

（5）加强员工的安全意识和安全技能培训。煤矿企业员工的岗前安全培训和上岗后的安全继续教育工作是确保安全生产的重中之重，因此煤炭行业协会要协助煤炭企业做好这方面的工作。

（6）协助国家煤矿安全监察部门开展煤矿安全监督检查工作。一方面，在检查过程中发现违规操作和不符合安全生产标准的现象，严厉督促涉事企业限期整改；另一方面，对于出现伤亡事故的煤矿企业，煤炭行业协会有责任配合调查，严惩违章行为。

（7）不定期开展技能竞赛活动，改革绩效考核与评价标准。一方面检查员工技能掌握情况，另一方面调动员工自主学习的积极性，对表现突出的人员进行表彰，为员工建立起良好的安全生产经验交流平台。

与国家安全监察不同，行业安全管理是在行业内部实行自上而下的管理，这样的管理以自我监督和自我管理为主。从国家层面来讲，煤炭行业主管部门在煤炭的安全生产管理方面曾一度发挥着巨大的作用，但是这一情况只局限于设置煤炭工业部以及后来的煤炭工业局时期。为了保证煤矿安全，国家在机构设置方面进行了多次改革，将煤炭行业管理职能分散到多个职能部门，但一些省份的煤炭行业安全管理工作依然保留在煤炭工业局。在实际工作中，由于职能机构过于分散，各部门职责权限不明确，再加上协调机制不到位，煤炭行业主管部门同煤矿安全监管部门的矛盾比较突出。在梳理了上述矛盾问题之后，明确了今后改革的方向，在煤矿安全管理的部门设置上，要做到细化各部门权责，尽量减少因为权责不明而导致的问题，避免出现滥用职权和推卸责任的现象；做好职责定位，做好本职工作，在发挥长板优势的基础上，积极弥补短板的不足，努力做到协调一致，提高监督执法水平，将事故发生的可能性控制到最低，将安监工作做到位。

10.3.3　企业负责创新

在煤矿生产运作的过程中，安全是头等要事，虽然政府在煤矿安全生产的过程中起着重要的监督作用，但是提高煤矿安全生产的关键环节还是企业，煤矿企业是安全生产的第一责任主体。

　　煤矿企业具体的责任可以归纳为八条。第一，严格按照国家的规章制度办事，贯彻执行各项安全条例，关注国家、国际安全生产动态，更新完善本企业的安全生产操作规程及相关考核评定标准，做到与时俱进，同时本着对企业和员工负责的态度，尽可能地发挥主观能动性，将生产中的事故和伤害减小到最低水平；第二，在企业的生产过程中，要建立完善的安全生产责任制，做到责任到人；第三，在安全管理方面首先要建立健全本企业的组织结构，其次要有足够的人员配备；第四，国家对特殊行业的劳动安全卫生条件和作业场所有明确的规定，对于煤矿企业的管理者要严格按照这些规定为特殊工种的工人配备个人防护用品；第五，参照国家标准，配备有关安全生产的防护设施，并定期做好设施的维护工作，保证安全设备和防护设施的有效性，定期检查安全出口、逃生通道的畅通情况；第六，提高员工的安全生产意识，在遵守规章的前提下，开展好安全知识和安全技能培训工作；第七，定期进行安全生产检查，在事故发生前做好防范，尽可能地降低事故发生的可能性；第八，事故发生后，争取第一时间营救，并及时向上级主管部门如实汇报事故的发生及救援情况。

　　企业作为安全生产的第一责任主体，在组织安全生产的过程中要十分重视以下几点。首先，要本着以人为本的思想，只有时刻想着工人的人身安全，才能从根本上避免急功近利的做法，时刻保持"安全第一，预防为主"的思想，不犯冒险主义错误。其次，在行动上要有必要的安全投入，软件、硬件双管齐下，切实改善矿工工作条件和防护措施，这样才能有效遏制煤矿事故的发生。最后，煤矿企业要做好事前防范，定期开展内部安全生产检查，排查煤矿安全隐患，做到防患于未然。

10.3.4　第三方监督创新

　　第三方监督是存在于管理者和被管理者之外的独立监督主体，不但不受管理者的约束，反而能够在一定程度上约束管理者和被管理者的行为。第三方监督作为中立的监督机构，为安全生产工作又添了一层保障，既可以更好地预防煤矿事故的发生，又能保证监督的公平与公正。

　　根据世界其他国家的成功经验，凡是在煤炭安全管理方面做得比较突出的国家，都有第三方监督机构的存在。大多数国家的煤矿安全监督工作主要是劳动部门在负责，但各国又稍有不同，例如，美国由劳工部职业安全卫生局管理，法国则由劳工与职业培训部管理。实践证明，国外的煤矿安全监督职能设置方式较为合理，便于第三方监督的涉入，能够更有效地减少煤矿事故的发生率，保证监督的可行性。我国煤矿事故频发、防范意识薄弱，部分原因是缺少第三方监督，主要表现在自我监督不力、缺乏监督的独立性，为煤矿安全管理埋下了隐患。

　　同时，要保障工会组织的健康发展。作为履行第三方监督的中坚力量，工会组织是最能反映工人意愿的组织，是履行群众监督的主管部门。因此，只有加强工会组织建设，完善煤矿安全监管体制，确保工会组织具有法律所赋予的维护员工安全和健康的权力，使之独立健康地发展，无愧于"工人之家"的荣誉，团结工人力量，才能保障工人权利的实现。

此外，利用好新闻媒体的监督力量。随着信息技术的快速发展，微博、微信平台的诞生为群众监督提供了更多、更便捷的渠道，同时为政府监管提供了更多的信息及线索，能够达到普通监督力量达不到的效果。新闻媒体能够第一时间将部分煤矿企业的侵权行为公之于众，且具有传播速度快、反响大的特点。因此，政府和各级部门应该正确认识新闻媒体的作用，做到正确引导，积极应对、配合和支持，且应该出台相应保障政策以确保新闻人员的人身财产安全。

10.3.5　全员管理创新

在大部分煤矿事故中，煤矿员工的不安全行为是煤矿事故的直接诱因。在过去的安全管理中，一直将安全管理的重点放在改善生产条件等"硬件"因素上，忽略了最有效的防范煤矿事故的"软件"因素，即提高员工的职业技能，包括员工遵守安全操作，牢记安全规范等，鼓励每个员工都参与管理，避免因违规操作引发煤矿事故。

在这一方面，经过调研发现，郑煤集团的一些做法很值得借鉴。以郑煤集团裴沟煤矿为例来说明郑煤集团在员工管理方面的经验。

裴沟煤矿是郑煤集团公司骨干矿井之一，1966 年建成投产，生产能力为 210 万吨/年。全矿员工 4600 人，设有 21 个生产区队，96 个班组，160 名班组长。先后荣获"全煤系统文明煤矿"、"煤炭工业安全高效矿井"、河南省"五优矿井"等荣誉称号。

多年来的安全生产管理实践使裴沟煤矿的管理者认识到，班组是安全管理的最基层组织，是安全管理的重要环节和基础。一个班组通常编制人数为 20～50 人不等，相对人数不算太多，但涉及的工种、员工学历等多种多样，统一管理存在很大的难度，针对这一现状，裴沟煤矿自 2006 年以来，致力于班组网络建设，并成功提出了"构建一个网络、实行'两选'措施、实施三级帮教、落实四项挂钩"的班组建设模式，实现全员参与、利益共享、风险共担的多层次管理完整链条，营造全体员工互帮、互助、互学、互促的良好氛围。其具体做法如下。

1）构建一个网络

构建一个网络，即构建安全小组网络。依据 1973 年由麦肯锡国际管理咨询公司的咨询顾问 Minto 发明的金字塔原理，根据班组人员规模（包含班组长），以工种性质相近为原则，将原班组细分成 6～10 人一组的若干个安全小组。采煤队人员较多，一般一个生产班（组）可分为 4～6 个安全小组，掘进队人员较少，一般一个掘进班（组）可分为 2～3 个安全小组。裴沟煤矿被 456 个安全网络小组全面覆盖，各小组的安全活动由小组内设定的小组长负责，每个成员都有自己的责任分工，每个小组都有自己的小组任务，但这并不是说个体之间以及小组之间是完全独立的，恰恰相反，他们之间由严格的互保联保机制相联系，促进形成互帮互助的良好氛围。实践证明，构建安全网络小组是一项有效的班组管理措施。

2）实行"两选"措施

所谓"两选"，即选出小组长和选出"问题成员"。首先，安全小组成员推选小组组长。

安全网络小组运行初期，小组成员相互之间还不了解，由班组长根据小组成员的个人资料和前期工作表现指定各个网络小组组长，任期为三个月；三个月之后由小组成员内部民主选举产生，并且要求小组长任期内一月一总结。小组长任期内如果由于自身原因给小组带来荣誉或者利益损失，小组成员有权要求重新推选小组长。其次，对于选出的"问题成员"，必要时予以淘汰。"问题成员"即小组内经常违规操作、有损他人利益、不考虑集体荣誉，且通过"三级帮教"还没有改过迹象的人员。

"两选"措施实施以后，小组成员的自律能力、安全意识、团结意识得到了显著提高。

3）实施"三级帮教"

根据美国管理学家彼得·德鲁克提出的"短板"理论，要提高安全网络小组的安全运行效果，关键是确定安全网络小组的"短板"所在，进而改进加长，在此，即通过"三级帮教"恢复"问题成员"的小组工作。

"三级帮教"，即对安全网络小组"问题成员"根据问题的严重性从小到大分为三类，并分别对应采取一级帮教、二级帮教和三级帮教措施。一级帮教在班组内进行，帮教对象是在"两选"措施中选出的"问题成员"，帮教工作由班组长负责，扣减20%的网络奖金作为惩罚，通过帮教三个月，改正后重新回到原小组；二级帮教对象是经过一级帮教没有成效的问题成员，帮教工作交由区队支部书记负责，扣减40%的网络奖金作为惩罚，通过帮教三个月，改正后重新回到原小组；三级帮教对象是经过二级帮教仍然没有成效的问题成员，帮教工作交由矿安监科重点盯防，通过帮教三个月，改正后重新回到原小组，仍然没有成效的将会被辞退。实践证明，裴沟煤矿实施"三级帮教"管理之后，不仅给了问题成员改过自新的机会，也有效保证了班组的安全生产。

4）落实"四项挂钩"

"四项挂钩"指的是安全网络小组的安全网络奖励与四项考核内容挂钩，以此来激励员工的工作积极性，提高员工互帮互助意识，同时警示员工规范自己的行为。

（1）安全网络奖励与"违章"挂钩。考核周期为一个月，违章活动根据严重性从小到大分为出现1人次违章、出现2人次违章、发生轻伤或三级非伤亡事故、发生重大或二级非伤亡事故，对应的惩罚措施分别为除当事者之外的其他成员当月奖金减半发放、网络小组所有成员当月零奖金、班组所有成员当月零奖金、区队所有成员当月零奖金。

（2）安全网络奖励与组织安全活动挂钩。小组活动越丰富，小组成员技能掌握越熟练，安全操作越规范，则安全网络奖金越高。小组安全活动由小组长牵头，小组长带领小组成员进行安全学习，具体形式由组内商议决定，目的是激励并督促安全小组成员灵活运用安全措施，同时可以利用此机会进行小组内部帮教，加强交流；要求小组成员全部参加，且填写活动记录，纳入考核内容，因故请假者由小组长负责补课。

（3）安全网络奖励与日常安全培训考核成绩挂钩。安全网络小组的日常培训内容由部门制定，根据岗位需求以及员工的岗位性质编制学习提纲，拟订考试题库，每月考试一次，成绩70分以上为合格，考核成绩纳入安全网络奖金考核内容。

（4）安全网络奖励与出勤情况挂钩。安全网络小组成员每月的最低出勤要求是20班，无故完不成任务的，按照相应的规定扣减奖金。

以上所有考核内容按月统计，设置明确的百分制考核标准，95分（含95分）以上为合格，全额发放安全网络奖金；94 分（含 94 分）以下，60 分（含 60 分）以上，由高到低，每少一分，奖金相应扣减 1%；60 分以下取消奖金资格。考核结果公示三天，无异议后发放奖金。

裴沟煤矿安全网络小组奖励基金与生产量直接挂钩，按每吨煤 1.5 元奖励基金提取，保障了奖励基金的来源。另外，为了及时兑现奖励资金，由党政办公室组织人员对安全网络小组的每月绩效进行严格考核，及时发放奖励资金，这在一定程度上激发了员工参与安全网络小组的积极性，同时规范了小组成员的日常行为，提高了小组成员的自保、互保意识，形成了班组联动的自保、互保机制，有效地促进了班组建设。实践证明，裴沟煤矿自落实"四项挂钩"措施以来，"三违"率有了明显下降，更可喜的是全矿七成的区队、九成的班组实现了完全的安全生产，且实现了网络小组、班组、区队、全矿联保的目标。

这项管理措施也使得裴沟煤矿的安全面貌焕然一新，这种管理办法被裴沟煤矿称为"班组安全网络 1，2，3，4 管理法"，也是裴沟煤矿的一项管理创新。为了使该管理办法具有普遍的适用性，需要对该管理办法的核心思想进行提取。对实行该管理办法前后进行对比可以发现，对于员工的管理由以前的"以罚代管"转为"遵章得奖"；组织结构由以前多层级的垂直管理模式向现在低层级的扁平化网络管理模式转变；人人参与管理。在这种办法下，全员都参与了管理，"遵章得奖，全员管理"使得管理更加有效。

10.4　本章小结

本章通过对我国煤矿安全管理体制历史沿革的阐述，全面分析了我国煤矿安全管理体制现状，指出我国煤矿安全管理体制下存在的问题。首先，从表面上看，国家、地方、企业、群众职责明确且相互独立，实则安全监察从属且受制于生产，并未完全成为真正意义上独立第三方；其次，煤矿安全监管滞后，且重在事后管理，缺乏必要的事前预防、事中应对；再次，事后监管总结不到位，察而不监的现象普遍存在，监、察难以落实，法规成为摆设；最后，缺乏统一的内外部监督机制，致使决策得不到有效的执行、监督滞后等混乱局面发生。

对此，本章提出"国家监察、行业管理、企业负责、第三方监督、全员管理"的管理体制，即在继续推进国家监察、行业管理和企业负责的基础上，加强第三方监督制度设计及创新，强调全民参与的重要性。鉴于我国煤矿安全现有行政监督的非独立性，本书提出利用好劳动保护组织、公益机构、工会组织和新闻媒体的监督作用，实现中立性的第三方监督。通过第三方监督实现"鲶鱼效应"，真正提高国家监察的动力和企业负责的压力，促进安全管理的不断完善和发展。最后通过倡导"遵章得奖，全员管理"，改变激励措施及管理机制，使得每个人在自己遵章的前提下，参与安全管理，生产中相互监督，提高了管理的效率。

第 11 章　我国煤矿安全管理保障策略研究

本章是我国煤矿安全管理保障策略研究,是煤矿预警管理体系的有机组成部分。由前面章节对煤矿事故致因机理及煤矿事故影响因素分析,总结出致使煤矿事故发生的直接原因主要表现在人、机、环三个方面,人的方面主要是矿工的不安全行为,机的方面主要是指与煤矿安全生产有关的机器设备和安全防护设施的缺陷,环的方面主要是不安全的生产环境。除此之外,政策环境、信息技术水平是造成煤矿事故发生的间接原因。而这些直接原因和间接原因又是相互影响的,因此,为了改善我国煤矿安全生产的状况,实现煤矿生产的长治久安,本章在明确煤矿事故发生原因的基础上针对性地提出煤矿安全管理保障策略,主要包括以下几个方面:①完善我国煤矿安全生产管理法律法规体系;②加强煤炭行业员工队伍建设;③提升煤矿技术装备水平;④强化煤矿安全信息管理;⑤加快煤矿救护队伍建设;⑥完善煤矿安全经验交流平台。

11.1　完善我国煤矿安全生产管理法律法规体系

煤矿安全管理工作的核心包括两点:一是严格监管,二是责任落实。现实状况是监管力度不够,责任落实不到位。具体来说,内部管理和外部监督执行力度不够,管理中工作任务拖延,责任落实不到位,监督中隐患监控和整改效果不理想,与最初设置内部管理和外部监督想要达到的效果相差甚远。无论内部的管理还是外部的监督,说到底都是人的问题。企业生产者违章作业、缺乏责任心,管理环节监督不到位。要提高煤矿安全管理工作的效率,就要从根本上解决"监管力度不够,责任落实不到位"的问题,加强对生产者、管理者的约束。因此,健全法律体制是提高监管力度的首要措施,只有做到煤矿安全生产管理有法可依,有法必依,执法必严,违法必究,依法行政,有章可循,才能使煤矿生产的监管法制化、制度化、规范化,形成切实可行的工作机制,才能从根本上改变煤矿生产的不安全现状[87]。

安全生产,法律先行。为了使煤矿安全生产管理工作有法可依、有章可循和依法管理,我国颁布了《中华人民共和国安全生产法》(以下简称《安全生产法》)、《中华人民共和国职业病防治法》《中华人民共和国突发事件应对法》《中华人民共和国煤炭法》《中华人民共和国矿山安全法》等煤矿安全生产相关法律以及《国务院关于预防煤矿生产安全事故的特别规定》《中华人民共和国矿山安全法实施条例》《煤矿作业场所职业危害防治规定(试行)》《煤矿安全培训规定》《煤矿安全监察条例》等煤矿安全生产相关法规,这些法律法规在减少煤矿事故、实现安全生产方面作用显著,但是随着科技的进步、煤炭行业的不断发展,生产环境也在不断发生变化,而煤矿安全管理法律法规却没有与时俱进,在一定程度上已经跟不上煤矿生产的步伐。因此,为了有效预防煤矿事故的发生,政府相关部门应进一步采取切实有效的措施,完善煤矿安全生产管理法律法规体系,具体可以从以下几个方面考虑。

（1）加快煤矿安全事故调查处理方面法律法规和部门规章的制定。数据显示，人为因素是煤矿事故发生的主要原因，加强法律法规的制定，从而给人的行为增加约束，是提高安全生产的有效措施。认真分析学习新《安全生产法》的精髓和内涵，制定相应的煤矿安全生产方面的规章办法，明确规定事件的调查处理以及职责认定，严肃处理相关责任人，以更好地贯彻落实新《安全生产法》。同时要消除个别企业管理层重生产、轻安全的思想，引导其自觉树立安全第一的思想，尽职尽责地把安全生产的责任落到实处，安全生产的方方面面都要严格要求，以期减少因"三违"行为引发的伤亡事故。

（2）加快高危行业从业人员安全培训考核规范的制定。人为因素是造成安全事故的重大隐患，据此制定相应的煤矿企业从业人员和管理人员的安全培训和技能培训规定、考核办法，并监督落实是有效提高从业人员职业素养的措施之一。对于安全培训，强调普适性，全员无差别对待；对于技能培训，依据"干什么，学什么"的原则，培训内容视岗位而定。力争做到不培训不上岗，无资质证书不得参加特殊工种工作，不得担任矿长职务。

（3）加快安全投入考核类规章的制定。要实现安全生产，应当加快制定安全投放考核办法，督促企业增加安全设备投入，解决以往存在的设备不完善、工作不顺畅等问题，明确设定企业所购设备需要达到的硬性指标，并采取措施强制执行，以此来促进企业加大设备资金投入，提高设备安全性能，提升安全生产能力。

（4）加快重大危险源监管类规章的制定。控制危险源是安全管理的本质，但我国目前关于重大危险源监管类的规章还是空白。早在 1995 年 8 月 22 日，劳动部颁布了《重大事故隐患管理规定》，经国家安全监督管理总局局长办公会议审议通过，但此规定已于 2010 年 9 月 1 日废止。随着新《安全生产法》的出台，提醒监管人员要加大对安全隐患的重视，加快重大危险源监管类规章的制定，将事故消灭在萌芽阶段。

（5）加快推进安全技术创新类规章的制定。鼓励并保护技术创新，督促企业以战略眼光看待安全科技创新，从而投入更多的人力、物力、财力来促进安全技术的创新；以"产、学、研"结合的形式克服煤矿安全生产过程中的技术创新难点，将技术创新的科研成果转化为实现煤矿企业安全生产的实际生产力，这不仅能够推动新技术新成果的应用，更能提高煤矿企业安全生产的科技水平和综合能力。

（6）加快对安全生产举报奖励类规章的制定。将举报奖励制度化、规范化，鼓励并保护揭发检举人员对煤矿企业生产中存在的一些违法、违规行为和事故隐患（如企业不按规定建立安全生产管理制度、冒险作业等）进行举报。通过安监管理部门的政府监管，敦促煤矿企业对违法行为和事故隐患进行排查整改，预防事故发生，确保生产安全。

（7）加快制定安全生产监督执法类法规、规章。早在 2002 年 11 月 1 日，《安全生产法》就已制定实施，从实施情况来看，《安全生产法》的实施确实规范了许多安全生产活动，但其落实情况却不太理想。2014 年 8 月 31 日，全国人大常委会表决通过关于修改《安全生产法》的决定，形成新《安全生产法》。新法从强化安全生产工作的安排、进一步落实生产经营单位主体责任、政府安全监管定位和加强基层执法力量、强化安全生产责任追究等四个方面入手，着眼于安全生产现实问题和发展要求，补充完善了相关法律制度规定。

因此，今后应该在新《安全生产法》的基础上，加快制定安全生产监督执法类法规、规章。这样才能更好地监督企业对安全生产法律法规的执行与落实。

（8）加快矿山救护法规的建设。煤炭行业危险系数、事故发生率较其他行业高，易受自然灾害的影响，一旦发生事故，损失较大且难以短时间修复。因此，在制定煤矿企业安监管理执法类法规的同时，也应加快矿山救护法规的建设，使矿山救护工作有章可循，提高救护工作的效率。

11.2   加强煤炭行业员工队伍建设

通过对我国煤矿事故的致因分析可以发现，我国煤矿事故频发且损失严重的原因之一是煤矿企业员工素质较低、安全意识薄弱。而在美国、德国、澳大利亚等国家，其煤炭行业从业人员具有较高的职业素质和较强的安全意识，能有效地避免煤矿事故的发生，即使发生事故，具备高素质且救护意识强的员工也能进行自我保护，很好地避免伤亡的发生。这就使得这些国家能及时有效地避免煤矿安全事故的发生。因此，在有效预防煤矿安全事故发生方面，员工队伍建设是关键，这需要国家和企业的共同努力[88]。

首先，从国家层面来看，国家应该增加对煤炭行业的资金投入和人才储备，加大对煤矿从业人员的培养力度。通过设立专业的煤炭教育中高级院校以及与煤炭行业发展相适应的专业设置来达到培养行业人才的目的。具体措施如下。

（1）对选报采矿、矿建、通风安全等专业的学生免除一定的学费，增加对此类专业学生的奖学金投入，提升煤炭急需专业的竞争力，进而激励学生的报考和拓宽生源渠道。

（2）对煤炭相关专业的毕业生提供特殊待遇，在就业方面享受国家分配政策，这样，一方面缓解了学生为了就业一味报考热门专业的现象，另一方面，吸引了更多的学生选报煤炭行业急需的相关专业，解决了煤炭院校生源不足的困难，同时保证了煤炭行业的人才储备。

（3）增加对煤矿从业人员的强制性安全教育和培训。《中华人民共和国矿山安全法》虽然已经明确规定对企业员工进行安全教育和培训，上岗人员必须经过培训或持有相应的资格证书，但在现实执行过程中，企业对于这项规定的落实情况大打折扣，从而致使煤矿安全事故频发。因此，安全培训是上岗前的必要工作，是在岗人员提高职业素养的必要环节，应由专业的安全培训机构组织培训，国家煤矿安监机构要对这类机构进行资质审查，考评其安全培训效果。目前我国一级和二级安全生产培训机构数量过少，仍需进一步扩大我国安全培训机构建设，提高安全培训机构质量，为我国煤矿安全生产工作提供更好的人才培养机制。

（4）我国是产煤大国，煤矿数量众多，尤其规模较小的煤矿，员工职业素质普遍偏低，与大煤矿相比缺乏竞争力，很难融通到资金，疏于员工安全培训，同时不易监管。针对这一问题，国家应该建立健全对中小企业的融资体系，设立中小煤矿安全培训专项资金，加大监管的全面性，做到专款专用。

其次，从企业自身角度来看，为保证工作安全顺利进行，煤矿企业应该从企业内部抓起,加强对员工安全教育和培训的力度,提高员工的安全意识与业务操作能力,培养其遵规守纪的良好素质。具体如下。

(1)促使培训教育工作制度化、规范化、经常化。科技在不断进步,知识在不断更新,培训教育工作只有持续、经常开展,才能达到培训教育的效果,对新员工的岗前培训以及工作岗位调动时的再培训、再教育工作,要形成制度化,强制实施。对于在岗员工的再培训、再教育工作,要规范化、经常化。加大安全培训投入,使安全培训与教育成为企业工作的一项基本任务,成为企业文化的一部分。另外,只有反复、经常地对员工进行安全培训,才能从根本上提升员工整体素质,保证安全生产的持续顺利开展[89]。

(2)增强安全培训内容的针对性。企业在做安全培训工作时,要改变缺乏特色与创新的传统培训方式,强调差别对待、因材施教的理念,结合工种与工龄差异进行有重点有目的的培训,避免形式主义。

(3)提高安全培训手段的灵活性。通过培训手段的多样化来吸引被培训者的关注程度,以增强培训效果。例如,培训方式可以是面对面的集中讲学,也可以借助网络资源实现网络传授。另外,培训方式的选择要做到因人而异,例如,一线生产工人更容易接受的形式就是实物实地讲解与分析。

(4)安全培训教育不是目的,而是手段,真正的目的是降低事故率。对安全培训效果进行科学合理的评价,是进一步完善安全培训方式,更好地提高安全培训效果的一种方法。因此,企业在对培训效果进行评价时首先要构建科学的评价指标体系。在选择评价指标时,应结合煤炭行业自身特点,重点考评培训周期、经费投入、培训人员成绩合格率、事故发生率、培训人员满意度等指标。同时,为保证培训效果,企业还应加强监管,通过随机检查和定期检查相结合的方式,对员工安全知识和安全素质进行评价,以提高安全防范意识,减少安全事故发生频率[90]。

国家立法、企业培训都是加强员工遵章守纪、提高作业技能、保证安全工作的有效措施,但要让员工的学习效果更明显,重点是激发员工学习的自主性,要转变思维,从过去被动式的"要我学习"向主动式的"我要学习"转变,自觉地学习法律法规、行业安全规范以及作业技能,提高安全生产意识。国家要增加保障措施,加大监督力度,企业要响应号召,积极配合,严格执行,共同为减少煤矿事故而努力。

11.3　提升煤矿技术装备水平

煤矿安全事故的发生受到诸多因素的影响,如煤矿开采时深度的变化、地质条件的不确定性以及新型技术设备的采用等。当煤矿开采深度延伸,矿井内温度、压力等不断升高,伴随着不均匀分布的瓦斯,很容易出现高浓度瓦斯排放困难、多矿井高瓦斯突出、冲击地压危险以及热害等可能的安全隐患。这就要求煤矿开采配备先进的技术设备,否则极易发生安全事故[91]。然而,我国的现状是,对于基础性、公益性、前瞻性科学技术的研究都处于极度缺人才、缺资金、缺基础设施的恶劣状况。而且,煤矿安全问题的研究并未出现在国家 863 计划、973 计划等重大科技计划支持之列,现有研究机构进行企业转制之后,追求利益最大化目标,想尽办法缩减成本,根本无暇顾及公益性研究,公益性事业的投资还是需要政府来做。总的来说,提高煤矿技术装备水平,减少煤矿事故的发生,需要从技术研究和国家标准两个层面深入分析[92]。

一方面,结合我国目前安全技术水平较低的现状,适当加大科研投入力度,大幅提高安全技术水平,需要做到以下几点。

(1)从人才抓起,培养专业型技术人才,同时加强与煤矿相关联的基础学科建设,以良好学术氛围带动专业技术人才培养。

(2)实现灾害防治技术突破,目前煤矿事故的主要原因是瓦斯排放难度大,井下通风效果差,井下灌浆技术不成熟等,应该加大科研投入,早日实现这些防治技术的突破。

(3)重点抓规划设计,在煤矿开采前期严把设计关,聘任先进技术人才优化矿区规划设计方案。

(4)加快技术应用步伐,与时俱进,将管理信息系统应用于煤炭安全管理工作中,以科学的方法进行安全监督与管理。

另一方面,从国家规章制度来看,应该制定新的煤矿安全技术标准,以适应当前安全生产的需要。主要有以下几点。

(1)规范煤矿设计,要综合考虑煤矿易发事故的防治工作。

(2)设定矿井允许开采的瓦斯浓度标准,对于高浓度的矿井,严格遵守先抽后采的原则。

(3)规定矿井井筒数量,至少设置主井、副井和风井三个井筒,依实际可适当增加。

(4)新建矿井要做到"三同时"原则,即安全设施必须和主体工程同时设计、同时施工、同时投入生产和使用。

(5)制定新的"一通三防"等生产标准,以规范煤矿作业,保证安全生产。

(6)配备相应的监控系统,随时捕捉井内信息,实现井下信息的实时传递,便于工作人员了解井下状态,如有突发状况,做到及时应对。

煤炭企业的安全投入重点是提高安全装备水平,主要目标应该放在完善"一通三防"、监测监控系统、防治水等防灾系统上,具体完善以下几个系统[93]。

(1)通风系统。通过增加科技投入,加快通风循环,简化通风回路,实现风流风速稳定、通风量满足要求的目标。

(2)瓦斯抽采系统。煤矿企业按需建立瓦斯抽采系统,但对于瓦斯含量较高的矿井以及煤与瓦斯突出的矿井,建议建立地面永久瓦斯抽采系统。已有瓦斯抽采系统的,要加大科技投入,从增加瓦斯抽采流量、增加抽采泵、增加抽采管道直径、增加抽采回路几个方面进行改进完善。

(3)防灭火系统。各个矿井都要做好防灭火系统,尤其是自然发火矿井,对于不太严重的,要配备防火灌浆系统,而对于严重的,要配备束管监测、防火注氮系统。还要加大对新型灭火材料的引进。

(4)防尘系统。通过加大科技投入,完善井下防尘设备,提高洒水、防爆、抑爆能力,增加高精度测尘仪器,提高测尘防尘能力。

(5)监测监控系统。通过加大科技投入,建立健全井下监测监控系统,实现"人机互检",尤其是瓦斯含量高的矿井和煤与瓦斯突出的矿井。监测监控系统一旦覆盖全部矿井,便可通过远程联网实现一定范围内的监测监控，实现信息的共享，加速信息的传递。

（6）防治水系统。通过加大科技投入，完善井下防治水设施设备，重视新技术的研发推广，培育高素质的救灾抢险队伍，提高井下防水、探水、排水能力以及应急救援能力。

11.4　强化煤矿安全信息管理

信息技术的应用能够提高企业的管理效率，解决生产经营活动不透明、难以监控等问题，同时还可以指导促进企业内各部门、各环节的沟通和协调，帮助企业收集内外部信息，帮助管理者做出正确的决策，从而使得企业全面发展。结合前面的分析，信息不完全性和不准确性的缺陷是我国煤矿安全事故频发的间接原因之一。因此，提高对安全信息的管理是煤矿安全管理工作的重要环节，这需要大家长期不懈的努力[94]。

安全信息在煤矿生产安全管理过程中的作用主要体现在两个方面：一个是为了配合安监机构的监督与检查，另一个是指导促进煤矿企业在工作过程中各部门、各环节的沟通和协调，帮助企业收集内外部信息，了解生产状况，确保生产安全。总的来说，是为了全面发挥安全信息对安全检查和安全生产的积极作用，及时发现并消除隐患，防范安全事故的发生，以确保安全生产。具体来看，需要做到以下几个方面。

（1）从管理层来说，各级监管领导以及企业管理层要重视安全信息管理工作。各级煤矿监察机构的领导以及煤矿企业管理者要摆脱以往忽视安全信息管理工作的错误态度，提高对安全信息管理的重要性认识，在生产工作中全力支持信息部门的工作，从思想层面高度重视安全信息管理工作，从人、财、物等方面给予积极配合。

（2）从信息机构来说，要健全安全信息机构设施，增添相关的设备配置。安全信息机构作为各级监管领导与企业管理层的重要决策助手，必须保证安全信息的全面性、完整性与科学性。因此，加强对安全信息机构的管理是十分必要的，首先要明确其职责范围，鼓励其自主创新，还要加大资金投入以更换先进设备，适时引进专业的信息技术人员。

（3）从信息员角度来说，要强化信息员的培训和教育，不断提高信息员的综合素质。随着全球信息化时代的到来，在安全信息管理工作中，计算机技术越来越成为一项不可或缺的技能，因此信息员必须接受或者主动参加计算机技术的培训，全面认识计算机技术在安全信息管理中的作用，熟练掌握计算机操作技能，以更科学的方式促进安全生产管理工作的顺利进行。

（4）增加安全信息搜集方式。信息搜集方式越多样，搜集范围越广泛，信息获取越快捷，越有利于决策者及时全面分析，进而科学决策。目前，我国煤矿监察机构搜集安全信息的力量主要集中于机构内部，限于人力和资源的数量与质量，渠道过于单一，难以保证安全信息的质量和数量。随着信息技术的发展，微博、微信的普及，人人都是自媒体，监管部门应该利用好这样的资源，充分发挥群众和第三方监督的作用，要引导媒体、利用媒体，而不是排斥媒体、受困于媒体，做到多层次、多渠道地收集各类安全信息。与此同时，安全生产管理过程也要改变单一渠道的现状，积极了解一线员工的心声，听取一线员工的建议，使他们真正体会安全的内涵。

（5）安全信息能否很好地发挥作用关键在于管理体制。做好安全信息的管理，重点是建立两个确保安全信息充分发挥作用的强制制度。一是建立保证安全信息时效性的及时汇报制度。信息的价值就在于及时，危险发生的信息如果不能及时传递出去，井下人员就得不到及时的救援，损失将是不可估量的。二是建立安全隐患排查反馈制度。隐患排查是避免事故发生的最有效措施，建立隐患排查反馈制度能够更好地保证隐患排查的效果，确保隐患排查制度真正发挥作用，而不是走走形式，做做样子。具体来说，就是复查隐患排查情况并登记备案，若出现未按要求解决的情况，责令限期进一步处理，并追究相关部门和负责人的责任。同时，瞒报、错报、谎报信息的单位和个人都要受到严厉处罚。

（6）促进煤矿安全信息网络建设。互联网作为信息传播平台，能够很好地促进安全信息获取方式的多样性，保证安全信息的时效性，便于安全信息的监管，有助于各部门的沟通协调。利用好互联网平台，能够使安全信息管理工作事半功倍。目前，煤矿安全信息网站已初见规模，网络已基本形成。今后努力的方向是，加强引导各级煤矿企业安全信息网站的建立工作，增加网络终端的覆盖面，实现信息共享。最终形成以国家煤矿安全监察网为领导，企业网为核心，Internet 和 Intranet 互补的全国统一、规范、畅通的煤矿安全信息网络。

11.5　加快煤矿救护队伍建设

煤矿救护工作是事故发生后挽救损失的有效措施，是煤矿生产安全管理中的一项重要工作。煤矿救护队伍是一支处理煤矿事故的专业性队伍，是其他救护队无法替代的，加强煤矿救护队伍建设，能有效减少事故带来的生命财产损失。

煤矿事故一旦发生，一切预防手段将不再发挥作用，此时要动员一切力量抓紧时间救援，争取将损失降到最低。事故损失可以分为初始损失和最终损失，而初始损失具有不可控性，但最终损失很大程度上受救援的影响，因此事故发生后只要救援及时，便可大大降低人员伤亡及财产损失的比例。也就是说，高素质的救护队伍就意味着较低的生命财产损失。但是，目前我国的煤矿救护队伍整体业务素质还有待提高，体制问题、经费投入问题是限制煤矿救护队伍发展的最主要因素，因此应从以下几个方面着手改变现状[95]。

首先，救护经费的问题由国家、地方和企业共同承担。救护经费是一大笔支出，如果企业自己负担，将会大大减少企业的盈利，会极大地降低企业的积极性；如果全部由国家支出，将会占用很大比例的国库支出，不利于国家资金调配，因此建议救护经费的问题由国家、地方和企业共同承担。其中，需要资金量大的主要装备投资，由国家承担；对于资金量较小的日常开支，由地方和企业共同承担；对于特别小的煤矿，可以通过签订救护服务合同收取服务费，一方面帮助小煤矿挽救国家财产，另一方面增加救护经费来源。

其次，加强区域救护队的重点建设。根据重点论的观点，看问题、办事情既要全面、统筹兼顾，又要善于抓住重点，才能提高效率。对于救护队建设问题也是一样的，既要全面提高煤矿救护队伍的整体素质，也要站在抢大险、救大灾的高度，扶持力度有重点地向战斗力强的区域救护队倾斜。

再次，建立统一的救护体制。随着市场经济的发展，越来越注重规模效益。如果全国各地各个矿井无论规模大小都自建救护队,将会非常浪费,这样既不便于救护队的协调,也不利于提高救护水平。由国家牵头出资,设立专门的救护部门,按地区大小和煤矿数量决定救护部门的大小,救护人员领取事业单位工资,遵守统一救护制度,这将有效解决救护队的建设问题。

最后,推广使用救护新装备。救护装备是救护队救护效果的有力保障。相关部门应该重视对救护装备的资金投入与装备更新以提高救护效果;科技在进步,知识在更新,技术装备也在升级,救护人员也要跟上时代的步伐,不断学习新装备、新技术的应用,做科技的驾驭者。

总之,煤矿生产安全管理是一个庞大的系统工程,应站在整体的高度,以预防煤矿事故发生为目标,协调各个环节的功能,以个体最优逐步实现整体最优的目标。任何割裂对策间联系和依附的做法都是不可行的,必须紧密联系各个对策,寻求以最小成本获取最大功效的最佳方案。

11.6　完善煤矿安全经验交流平台

安全重于泰山,煤矿安全水平与每一位矿工息息相关,提高煤矿安全水平要从自身做起,从身边的小事做起,认真学习煤矿安全生产法律法规,时刻规范自己的行为,提高团队之间自救互救意识;同时,矿工之间的交流也是一种比较快且有效的学习方式,团队之间管理经验的借鉴也是提高团队安全水平的有效途径。重视与他人的学习交流,这样才能不断地改善自己、提高自己。仍以郑煤集团为例,前面提到了"三项评价、一项评定","三项评价"即对瓦斯、水害以及顶板的评价,"一项评定"即对机电设备保护的评定。该评价管理办法虽然在时效性等方面还有一定的缺陷,但是这种方法抓住郑煤集团煤矿事故的关键致因,对各个煤矿安全指标进行预判,根据分析结果提出相应的预警建议,具有一定的实用性;另外前面论述的郑煤集团的"班组安全网络 1, 2, 3, 4 管理法",提出全员参与管理,这种思想也具有一定的借鉴意义。因此,应该构建煤矿安全经验交流与借鉴平台,通过该平台,对已有的经验进行完善和改进,从而在整体上提升煤矿企业的安全管理水平[96]。

11.7　本　章　小　结

煤矿事故发生的根本原因不是技术问题,而是管理问题。由前面章节对煤矿事故致因机理及煤矿事故影响因素分析,总结出致使煤矿事故发生的直接原因主要表现在人、机、环三个方面。首先,人的方面主要是矿工的不安全行为,机的方面主要是指与煤矿安全生产有关的机器设备和安全防护设施的缺陷,环的方面主要是不安全的生产环境。除此之外,政策环境、信息技术水平是造成煤矿事故发生的间接原因,而这些直接原因和间接原因又是相互影响、相互促进的。结合我国煤矿安全管理的现状,本章从完善我国煤矿安全生产管理法律法规体系、加强煤炭行业员工队伍建设、提升煤矿技术装备水平、强化煤矿安全信息管理、加快煤矿救护队伍建设、完善煤矿安全经验交流平台六个方面提出煤矿安全管理保障策略。

　　在煤矿安全生产法律法规体系方面，针对"严不起来，落实不下去"的现状，提出出台最严格的安全生产法律法规，明确煤矿伤亡事故的调查处理办法，强制高危行业从业人员参加安全培训与再教育，督促企业增加安全投入，鼓励企业进行技术创新，增加重大危险源监督管理类规章，鼓励并保护揭发检举行为。在员工队伍建设方面，通过培训考核提高员工作业技能、增强安全意识，是提高煤矿安全水平的有效措施。在科技费用投入方面，鉴于技术装备在生产安全管理中的重要性，以及科研资金的严重缺乏性，提出加大科学技术研究投入和国家制定新的煤矿安全技术标准两方面的措施。同时，为切实提高煤矿安全基础水平，提出重点加强煤矿安全信息管理和煤矿救护队伍建设。最后，建议完善煤矿安全经验交流平台，借助该平台加强矿工与矿工之间、班组与班组之间、煤矿与煤矿之间的经验交流，促进煤矿企业安全水平的提高。

　　本章从宏观到微观，从不同层面、不同视角，结合我国煤矿安全生产管理现状以及作者已有的研究成果，提出了几点煤矿安全管理保障策略，以期为我国煤矿安全生产监管部门实施有效的监管提供借鉴，为煤矿企业开展安全生产活动提供保障。

第12章 总结与展望

12.1 总 结

安全生产既是保障国家经济持续发展的前提,也是煤矿企业实现经济效益和社会效益的重要基础。从我国煤矿生产的实际情况来看,其具有劳动密集型生产模式、作业空间分散、设备投入较多、作业环境恶劣、安全影响因素随机性较强、生产管理难度较大等特点,工作面的复杂性和危险源的多样性对煤矿企业安全运营构成了长期直接威胁。煤矿行业作为一个复杂的生产系统,如果单纯地将煤矿安全事故归因于技术和人的可靠性问题则无疑是以偏概全和本末倒置,大量实践表明:远比技术和人因重要的组织管理问题才是致使煤矿这一复杂系统出现事故的内在深层诱因。

长期以来,我国在煤矿生产领域推行的是具有一定官僚体制特征的科层制度,并以这种行政化体制作为管理煤矿企业安全生产的基本模式,这套体制的特点是决策自上而下且执行有力。然而,现代管理科学揭示出信息不对称往往是决策失误的关键性因素,没有对煤矿事故发生机理的深入研究,没有科学预警机制的构建作保证,传统安全生产管理体制往往起不到真正遏制煤矿事故发生的作用。有效控制煤矿事故风险的关键在于对煤矿生产系统危险源(危险态)的及时监测,并及时判断、准确分析,从而为科学决策提供依据。正是基于这一考虑,本书提出的煤矿事故预警体系及其对策研究再造就具有很强的现实指导意义。

本书通过充分挖掘大量的一线调研资料,基于管理维度深入探究了煤矿安全预警问题,主要内容和价值性可归结如下。

1)煤矿企业事故损失的评价

本书介绍了事故损失的含义,把事故损失划分为直接性经济损失和间接性经济损失,并对各自涵盖的损失范围进行了细致的描述;接着详细介绍了伤亡事故的统计指标和统计方法,展开了对事故损失的统计分析;然后对事故直接性与间接性经济损失的计量方法以及事故非经济损失的估算方法进行了总结和探讨,在此基础上,得出了事故总损失的计算方法。

2)煤矿事故致因机理研究

煤矿企业的生产经营活动会同时涉及外部管理和内部管理两个方面,而在管理过程中的管理失误问题则是多次诱发我国矿难灾害的重要内在原因。

本书将影响煤矿安全的因素又具体归结为人员、设备、环境、管理和信息五个维度,并采用对比方法分析了不同危险源因素诱发煤矿事故的作用机制以及不同的安全隐患。基于以上研究并结合我国煤矿生产实践中的特殊性,本书建立了对我国煤矿企业更具适用性的事故致因理论框架,同时以瓦斯爆炸为例开展了实证检验。

3)煤矿安全水平灰色关联评估模型研究

煤矿生产系统是信息部分已知、部分未知的不具有物理原型的、典型的灰色系统。本书基于灰色理论研究了煤矿事故的关联因素,提出了一个分析煤矿安全水平的灰色关联评估模型,通过对各构成因素与煤矿安全水平的灰色关联度的计算,明确了诱发煤矿事故的各影响因素的重要性排序,从而为煤矿生产系统安全技术的完善与发展以及安全政策的制定提供理论指导。

本书还选取国内某大型煤业集团为案例,进行了实际应用分析。应用结果表明,通过灰色关联分析的方法评估企业安全影响因素简单易行,其结果可信,既可为煤矿事故的定量研究提供理论参考,又可为煤矿企业安全管理决策提供依据。

4)煤矿企业安全风险预警评价研究

本书基于煤矿事故致因理论分析,从人员、设备、环境、管理和信息五个维度设计了相应的指标体系,分别采用改进型灰色关联分析法以及信息熵-模糊神经网络法实证研究了煤矿安全风险问题。结论表明上述方法论的使用可以有效增强煤矿安全风险评估结论的稳健性。

5)煤矿企业事故的博弈分析

本书首先在博弈论的框架下讨论了煤矿企业和安监部门之间的双边博弈过程及其对煤矿事故的影响。在此基础上,建立了包含煤矿企业、安监局和地方政府的静态和动态博弈模型。本书还对三方动态博弈模型进行了实证分析。

6)基于预警管理理念的煤矿安全管理体系再造模式研究

企业管理体系再造是煤矿企业管理中的一项重要内容,借助管理体系再造,可以对煤矿企业各种复杂的安全问题进行有效的管理控制。本书围绕预警管理贯穿于煤矿企业生产运作全过程的思想,以煤矿企业的整体资源整合为重点,提出了一个基于预警管理理念的煤矿安全管理体系再造的模式,包括相应的组织管理机构、企业日常运作模式的变革等。

本书所构建的煤矿安全管理体系是一套综合的、系统的、严密的、持续改进的体系,也是一套全面预防控制所有环节的管理体系。该体系所构建的八大子系统是一个既有深度又具广度、融合渗透的有机整体,它们从不同维度和层次为煤矿企业的高效、安全生产提供了有效的制度保障。同时,本书还以某一煤矿的管理体系再造为案例,论证了管理体系再造所引起的企业在运营方式、组织层和企业管理观念层等三个层面的质的变化。

7)煤矿安全监察激励机制的设计[97]

在煤矿安监活动的组织实施过程中,核心问题是处理好组织和成员之间的关系,寻求能够同时实现组织制度目标和成员个性需求的最佳契合点,主要内容则是指各类诱导性因素和约束性因素彼此间的相互影响。通过在激励制度层面进行科学的机制设计,充分调动煤矿安监人员的爱岗热情和主观能动性,最大限度激发他们的敬业精神和创新精神,对煤矿系统的不安全行为和状态进行实时监控并及时发布预警信息,这既是确保预警管理系统良性运转的前提,也是提高目前煤矿安全的有效方法和途径[98]。

本书将激励理论与委托代理理论中的激励研究相结合,以此作为安全监察激励机制设计的理论基础,同时使煤矿安监系统激励模型的组织战略目标、诱导因素和个人因素三大支柱彼此按照既定的路径联系成一体,并同约束性因素一起对激励对象产生影响,从而形成了能够弥补当前煤矿生产系统管理缺陷的改进型激励机制设计模型。

8）煤矿安全管理体制创新研究

本书提出了"国家监察、行业管理、企业负责、第三方监督、全员管理"的创新性管理体制，即在继续推进国家监察、行业管理和企业负责的基础上，加强第三方监督制度设计及创新，强调全民参与的重要性[99]。

9）煤矿安全管理保障策略研究

本书从完善我国煤矿安全生产管理法律法规体系、加强煤炭行业员工队伍建设、提升煤矿技术装备水平、强化煤矿安全信息管理、加快煤矿救护队伍建设、完善煤矿安全经验交流平台六个方面提出煤矿安全管理保障策略。

通过上述几个方面的研究，本书在煤矿事故预警机制、应急决策机制、联动机制、激励和约束机制、监督机制等方面探索了新的路径，并取得了初步成果，为实现全方位、多层面的煤矿安全管理系统构建，以及为真正实现煤矿生产的本质安全奠定了基础。

12.2　展　　望

本书是对煤矿安全事故的事前控制研究，所提出的创新性观点和完成的系统性优化管理方案对实现煤矿系统的动态安全预警和支持决策者及时采取有效预防措施提供了重要参考。然而，煤矿安全问题是一个涉及范围较广的复杂系统问题，特别是在当前我国安全监察领域信息化建设基础比较薄弱的背景下，还存在着标准制定不完善、理论研究不深入等诸多问题。鉴于研究内容的复杂性，本书的研究还具有一定的局限性，这都有待后续进行多学科的交叉深入研究。具体方向如下：①建立数字地图导航、检索，提供可视化监管方法；②建立网络视频实时监控系统，加大对危险通道的监控；③建立现场数据实时监控系统，加强对重大危险源的监控力度，预防重大事故发生；④实现报警联动，建立专家库，加强应急救援指挥系统的开发；⑤提供强大的智能和分析处理能力。

由于安全生产的监管受国家相关标准、法律限制，在现阶段只能对"重大危险源辨识和评价"这个比较重要的安全生产过程建立独立的对象模型，而无法对安全生产的整个过程建立一套精确的数学模型和一套完整的控制方法。在未来的煤矿系统安全管理体制构建过程中可以通过融合专家系统来实现专家知识在生产全程的整合，从而构建智能化的集成监管模式，并通过提升动态监管效率和水平以及降低管控事故风险最终达到减少损失的目的。

参 考 文 献

[1]   黄小原，肖四汉. 神经网络预警系统及其在企业运行中的应用[J]. 系统工程与电子技术，1995，（10）：50-58

[2]   吕品，周心权. 灰色马尔可夫模型在煤矿安全事故预测中应用[J]. 安徽理工大学学报（自然科学版），2006，26（1）：10-13

[3]   任宗哲. 试论管理过程中的激励要素[J]. 西北大学学报（哲学社会科学版），1998，28（3）：30-34

[4]   贾文安，范文斌，冯国华，等. 推行动态安全控制"六法"，确保煤矿安全生产[J]. 煤矿安全，2001，（7）：47-49

[5]   吴云. 西方激励理论的历史演进及其启示[J]. 学习与探索，1996，（6）：88-93

[6]   侯保良，侯锦强. 煤矿重特大生产安全事故应急救援预案的制定探讨[J]. 煤炭技术，2005，24（12）：41-42

[7]   张忠新，郑学军，吕承贤. 煤巷综掘施工巷道冒顶控制[J]. 山东煤炭科技，2002，（4）：17-19

[8]   陈健永. 运用安全系统工程理论控制斜巷运输事故[J]. 煤炭科技，2000，（3）：46-47

[9]   顾海兵，俞丽亚. 未雨绸缪——宏观经济问题预警研究[M]. 北京：经济日报出版社，1993

[10]   田水承，李红霞，胡玉宏. 从安全科学看煤矿事故频发原因及防治[J]. 西安科技学院学报，2003，23（2）：135-138

[11]   赵加才. 对煤矿安全事故多发问题的思考[J]. 煤炭科技，2005，（4）：41-42

[12]   隋鹏程，陈宝智，隋旭. 安全原理[M]. 北京：化学工业出版社，2005

[13]   张海洋. 煤矿安全事故多发的原因分析及对策建议[J]. 中国煤炭，2005，（6）：66-68

[14]   张胜利，孟献臣. 矿井运输事故发生的原因及对策[J]. 煤矿安全，2002，33（12）：47-48

[15]   Raouf A. Theory of Accident Causes[R]. Geneva：ILO-International Labour Organisation，1998

[16]   Adams J G U. Risk and freedom：the record of road safety regulation[J]. Transport Publishing Projects，1985，7（1）：201-202

[17]   Andersson R. The role of accidentology in occupational accident research[J]. Arbete Och Hälsa，1991，（5）：23-31

[18]   Basak S，Shapiro A. Value-at-risk-based risk management: optimal policies and asset prices[J]. Review of Financial Studies，2001，14（2）：371-405

[19]   Benner L. Accident investigations: multilinear events sequencing methods[J]. Journal of Safety Research，1975，7（2）：67-73

[20]   McCahill D F，Bernold L E. Resource-oriented modeling and simulation in construction[J]. Journal of Construction Engineering and Management，1993，119（3）：590-606

[21]   Isermann R，Freyermuth B. Fault Detection，Supervision and Safety for Technical Processes[M]. Amsterdam：Elsevier Science Inc.，1992

[22]   Beamon B M，Griffin P M. A simulation-based methodology for analyzing congestion and emissions on a transportation network[J]. Simulation，1999，72（2）：105-114

[23]   Chisholm D，Landau M. Set aside that optimism if we want to avoid disaster[J]. Los Angeles Times，1989，（2）：1-7

[24]   Bird F E. Management Guide to Loss Control[M]. Ontario：Industrial Accident Prevention Association，1984

[25] de Petris. Preliminary results for the characterization of the failure processes in FRP by acoustic emission[A]//中国国际安全生产论坛论文集. 北京：国家安全生产监督管理总局，2002

[26] Burgess J H. Human Factors in Industrial Design：The Designer's Companion[M]. Blue Ridge Summit：TAB Books，1989

[27] 钟昌波，汪家友. 唐庄煤矿复合型顶板控制及支护选择[J]. 江苏煤炭，1998，（1）：23-25

[28] Guastello S J. Catastrophe modeling of the accident process：Evaluation of an accident reduction program using the occupational hazards survey[J]. Accident Analysis & Prevention，1989，21（1）：61-77

[29] Poston T，Stewart I，Plaut R H. Catastrophe Theory and its Applications[M]. North Chelmsford：Courier Corporation，2014

[30] 陈国阶. 对环境预警的探讨[J]. 重庆环境科学，1996，18（5）：1-4

[31] Haddon W. Energy damage and the ten countermeasure strategies[J]. Human Factors：The Journal of the Human Factors and Ergonomics Society，1973，15（4）：355-366

[32] Armenante P M. Contingency Planning for Industrial Emergencies[M]. New York：Van Nostrand Reinhold，1991

[33] Hale A R，Glendon A I. Individual behaviour in the control of danger[J]. Accident Analysis & Prevention，1987，20（4）：327-329

[34] Bahr N J. System Safety Engineering and Risk Assessment：A Practical Approach[M]. Boca Raton：CRC Press，2014

[35] Hofmann D A，Stetzer A. The role of safety climate and communication in accident interpretation：Implications for learning from negative events[J]. The Academy of Management Journal，1998，41（6）：644-657

[36] McFarland R A. A critique of accident research[J]. Annals of the New York Academy of Sciences，1963，107（2）：686-695

[37] Konishi K，Ishii M，Kokame H. Stability of extended delayed-Fundamental control for discrete-time chaotic systems[J]. IEEE Transactions on Circuits and Systems I：Fundamental Theory and Applications，1999，46（10）：1285-1288

[38] Lawrence A C. Human error as a cause of accidents in gold mining[J]. Journal of Safety Research，1974，6（2）：78-88

[39] Mayers K N. Total Contingency Planning for Disasters：Managing Risk，Minimizing Loss，Ensuring Business Continuity[M]. New York：John Wiley & Sons Inc.，1993

[40] James R，Wells G. Safety reviews and their timing[J]. Journal of Loss Prevention in the Process Industries，1994，7（1）：11-21

[41] Sherif Y S. On risk and risk analysis[J]. Reliability Engineering & System Safety，1991，31（2）：155-178

[42] Kelly R B. Industrial Emergency Preparedness[M]. New York：Van Nostrand Reinhold，1991

[43] Stevens J B. Awareness and preparedness for emergencies at local level-UnEP's programme[J]. Disaster Prevention & Management，2013，7（5）：406-412

[44] Surry J. Industrial Accident Research：A Human Engineering Appraisal[M]. Toronto：University of Toronto，1971

[45] Souder W E. A catastrophe-theory model for simulating behavioral accidents[J]. Pittsburgh Pa u.s. Department of the Interior Bureau of Mines Ic，1988：1-19

[46] Rai S N，Krewski D. Uncertainty and variability analysis in multiplicative risk models[J]. Risk Analysis，1998，18（1）：37-45

[47] Pringle T E，Frost S D. The absence of rigor and the failure of implementation：Occupational health and

safety in China[J]. International Journal of Occupational and Environmental Health，2003，9（4）：309-319

[48] Spillan J，Hough M. Crisis planning in small businesses：Importance，impetus and indifference[J]. European Management Journal，2003，21（3）：398-407

[49] Pauchant T C，Mitroff I I. Transforming the Crisis-prone Organization：Preventing Individual，Organizational，and Environmental Tragedies[M]. San Francisco：Jossey-Bass，1992

[50] 陈维民. 基于风险评估的安全管理[J]. 现代职业安全，2004，（4）：55

[51] 王大承. GM（1，1）模型在安全事故率预测中的应用[J]. 五邑大学学报（自然科学版），2001，15（1）：11-14

[52] 冯杰，李思义，张发明. 以安全经济学原理探讨煤矿事故的控制途径[J]. 煤矿安全，2000，（9）：48-50

[53] 冯肇基，崔国瑞. 安全系统工程[M]. 北京：冶金工业出版社，1987

[54] 吕海燕，李文彬. 我国生产安全事故统计分析与预测[J]. 中国个体防护装备，2004，（3）：8-10

[55] Heinrich H W，Petersen D，Roos N. Industrial Accident Prevention[M]. New York：McGraw-Hill，1950

[56] Greenwood M，Woods H M. The Incidence of Industrial Accidents Upon Individuals：With Special Reference to Multiple Accidents[M]. London：HM Stationery Office，1919

[57] Heinrich H W. Industrial Accident Prevention：A Scientific Approach[M]. New York：McGraw-Hill，1941

[58] Benner L. Safety risk and regulation[A]//Transportation Research Forum Proceedings. New York：Marcel Dekker，1972：13-15

[59] Johnson W C. The management oversight and risk tree[J]. Journal of Safety Research，1995，7（1）：4-15

[60] Reason J. A systems approach to organizational error[J]. Ergonomics，1995，38（8）：1708-1721

[61] 张力，王以群，邓志良. 复杂人-机系统中的人因失误[J]. 中国安全科学学报，1996，6（6）：35-38

[62] 何学秋. 安全工程学[M]. 徐州：中国矿业大学出版社，2000

[63] 赵正宏，许绛垣，刘孝. 工业安全管理的实用事故模型及剖析[J]. 劳动保护科学技术，1999，（3）：17-20

[64] 董希琳. 常见有毒化学品泄漏事故模型及救援警戒区的确定[J]. 武警学院学报，2001，17（6）：25-28

[65] 魏引尚，张俭让，常心坦. 瓦斯爆炸的突变模型[J]. 西安科技学院学报，2002，22（3）：250-252

[66] 赵宝柱，沈廷萍，刘如民. 个人因素事故致因模型的探讨[J]. 安全与环境工程，2004，11（1）：80-82

[67] 苑春苗，陈宝智，李畅. 基于 BP 神经网络的事故致因分析方法[J]. 工业安全与环保，2005，31（10）：54-55

[68] 国汉君. 内-外因事故致因理论与实现安全生产的途径[J]. 中国安全科学学报，2007，17（7）：46-53

[69] 佘丛国，席酉民. 我国企业预警研究理论综述[J]. 预测，2003，22（2）：23-29

[70] 佘廉. 企业预警管理理论[M]. 石家庄：河北科学技术出版社，1999

[71] 邓聚龙. 灰理论基础[M]. 武汉：华中科技大学出版社，2002

[72] 张颖超，周媛，刘雨华. 基于范数灰关联度的指标权重确定方法[J]. 统计与决策，2006，（1）：20-21

[73] 罗云，宫运华，宫宝霖，等. 安全风险预警技术研究[J]. 安全，2005，（2）：26-29

[74] 付茂林，刘朝明. 煤矿安全监察进化博弈分析[J]. 系统管理学报，2007，16（5）：579-584

[75] 李柯，张胜. 航空公司预警管理系统研究与设计[J]. 武汉理工大学学报（信息与管理工程版），2006，28（9）：22-25

[76] 林成. 安全预警管理技术在建筑施工中的应用[J]. 施工技术，2006，35（5）：31-32

[77] 张力，王以群，黄曙东. 人因事故纵深防御系统模型[J]. 南华大学学报（社会科学版），2001，2（1）：31-34

[78] 马颖，佘廉，王超. 我国城市交通突发事件预警管理系统的构建与运行[J]. 武汉理工大学学报（信息与管理工程版），2006，（1）：67-70

[79] 丁玉兰. 人机工程学[M]. 北京：北京理工大学出版社，2000

[80] 刘国财，梁苗. 如何预防、控制瓦斯爆炸事故[J]. 安全，2002，（4）：27-29

[81] 刘静. 控制煤矿安全事故途径的内外因方法探讨[J]. 矿业安全与环保，2003，（6）：246-247

[82] 潘墨，孙林岩，汪应洛. 团队合作的剩余分配激励研究[J]. 工业工程与管理，2001，（2）：22-25

[83] 赵伟，韩文秀，罗永泰. 基于激励理论的团队机制设计[J]. 天津大学学报（社科版），1999，1（4）：295-298

[84] 董庆蓉，蒋纯红. 对工作团队的薪酬制度的改革[J]. 电子科技大学学报（社科版），2000，2（4）：40-42

[85] 杜计平，张先尘，贾维勇，等. 煤矿深井采场矿压显现及其控制特点[J]. 中国矿业大学学报，2000，29（1）：82-84

[86] 杜延春，单玉鹏，王斌，等. 减少煤矿安全事故的几点做法[J]. 山东煤炭科技，2002，（4）：3-4

[87] 施式亮，梁小玲. 瓦斯爆炸事故的混沌特性及其控制方法初探[J]. 中国安全科学学报，2003，13（9）：54-58

[88] 杨玉中，石琴谱. 煤矿人为失误的控制[J]. 煤矿安全，1999，（9）：37-39

[89] 尚玉钒，席酉民. 企业文化管理与管理预警研究[J]. 预测，2001，20（5）：9-13

[90] 刘志强. 国外预警金融危机的方法评介[J]. 世界经济，2000，（7）：16-21

[91] 林汉川，陈宁. 构建我国煤矿安全生产保障体系的思考[J]. 中国工业经济，2007，（6）：30-37

[92] 费国云. 煤矿瓦斯煤尘爆炸原因和防治对策[J]. 矿业安全与环保，2002，29（6）：4-6

[93] 卢建宝. 煤矿机电运输事故多发的原因分析及控制对策[J]. 煤矿安全，2003，34（4）：39-40

[94] 王先华. 安全控制论原理和应用[J]. 工业安全与防尘，2000，（1）：28-31

[95] 傅贵，李宣东，李军. 事故的共性原因及其行为科学预防策略[J]. 安全与环境学报，2005，5（1）：80-83

[96] 邱吉龙，杨茂田. 坚硬顶板工作面顶板事故的控制[J]. 江苏煤炭，1997，（4）：23-25

[97] 顾秀根，刘过兵. 我国煤矿安全监察机制探析[J]. 华北科技学院学报，2005，2（3）：61-64

[98] 慕庆国，王永生. 煤矿安全监察的激励机制研究[J]. 煤炭经济研究，2004，（3）：60-61

[99] 张胜强. 我国煤矿事故致因理论及预防对策研究[D]. 杭州：浙江大学，2004